顶层思维

逆转人生的神奇心理效应

赵洪涛◎著

台海出版社

图书在版编目（CIP）数据

顶层思维：逆转人生的神奇心理效应 / 赵洪涛著
. -- 北京：台海出版社，2019.7
ISBN 978-7-5168-2385-9

Ⅰ.①顶… Ⅱ.①赵… Ⅲ.①思维形式—通俗读物
Ⅳ.① B804-49

中国版本图书馆 CIP 数据核字 (2019) 第 133575 号

顶层思维：逆转人生的神奇心理效应
DINGCENG SIWEI NIZHUAN RENSHENG DE SHENQI XINLI XIAOYING

著　　者：赵洪涛			
责任编辑：姚红梅		装帧设计：邢海燕	
责任校对：樊新乐		责任印制：蔡　旭	

出版发行：台海出版社

地　　址：北京市东城区景山东街 20 号，邮政编码：100009

电　　话：010 — 64041652（发行，邮购）

传　　真：010 — 84045799（总编室）

网　　址：www.taimeng.org.cn/thcbs/default.htm

E－m a i l：thcbs@126.com

经　　销：全国各地新华书店

印　　刷：河北盛世彩捷印刷有限公司

本书如有破损、缺页、装订错误，请与本社联系调换

开　　本：880mm×1230mm		1/32	
字　　数：155 千字		印　　张：8	
版　　次：2019 年 7 月第 1 版		印　　次：2019 年 7 月第 1 次印刷	
书　　号：ISBN 978-7-5168-2385-9			
定　　价：42.00 元			

目 录

第一章

突破自我：挣脱固有思维的束缚

巴纳姆效应：客观全面地认识自己

巴纳姆效应，也称福勒效应、星相效应，是由心理学家伯特伦·福勒在1948年通过对学生所进行的一项人格测验，并根据测验结果分析而得出的一种心理学现象。该测验要求学生对测验结果与本身特质的契合度进行评分，分值设置为0~5分。结果平均评分为4.26，结果显示，所有学生得到的"个人分析"大都相同。此时福勒才表明，原来用于测评的内容是他从星座与人格关系的描述中搜集出来的语句，而其中的很多语句可以适用于任何人。

另外，在巴纳姆效应测试的另一个研究当中，学生们采用的是人格问卷的形式，随后由研究者对报告进行评价。研究者们分析出了学生们个性的正确评估，但却给了学生们两份评估，也就是有一份是假造的，是一些模糊的、泛泛而谈的评估。后来，当学生们被问到哪一份评估报告最能够切合自身时，有超过一半的学生

（59%），选择了那份假的评估报告。

可见，巴纳姆效应带给我们的启示是：每个人都会很容易相信一个笼统的、一般性的人格描述特别适合他。即使这种描述十分空洞，仍然认为反映了自己的人格面貌，哪怕自己不是那种人。像一位杂技师在评价自己的表演时所说，他之所以受欢迎，是因为节目里有大家各自喜欢的成分，所以他可以"每一分钟都让某些人上当受骗"。

正确认识自己：摆脱误区

一个小男孩小时候很贪玩，有一天，他正要去河边，他的父亲拦住他，说："我给你讲个有趣的故事吧！昨天，我和杰克大叔去清扫一个大烟囱，清扫完后，我们钻出烟囱，这时，你杰克大叔的身上、脸上全部被烟囱里的烟灰蹭黑了，我身上却一点烟灰都没有。我看见他的模样心想，我一定和他一样，脸脏得像个小丑，所以我去洗了洗。而他呢，看见我干干净净的，就以为自己和我一样干净，所以就只洗了洗手，便大摇大摆上街去了。结果你应该能猜到，街上的人笑个不停，说杰克像个疯子。"

听完后，小男孩大笑起来。父亲对小男孩说："他人无法做你的镜子，只有你才是自己的镜子。"

显而易见，小男孩的父亲和杰克大叔两人都拿对方当成参照，因此无法正确地判断自己的情况，从而闹了笑话。小男孩后来离开了那群有些调皮的孩子，他经常把自己当作镜子，以此来审视自己，终于照出他灿烂的人生。所以，在生活中，我们要正确而全面地认识自己，这样才能摆脱误区，不致沦为笑柄。

从别人的评价中客观认识自己

一个人能够做到客观地认识自己，其实很难。因为我们平时接触到的"事实"分为客观存在的"事实"和我们认为的"事实"两种。假如我们总是把这两个"事实"之间画等号，丝毫不顾它们在本质上的截然不同，那么，会很容易进一步影响我们对自己的客观看法。所以，一个人要想做到客观地认识自己，最好的办法就是从别人的角度出发，比如从别人的评价中去认识自己。

一个男孩打电话给一位老奶奶说："请问，您需要护工吗?"老奶奶回答："不需要，我已经有护工了。"男孩接着说："我会洗衣做饭，做各种家务。"老奶奶回答说："我的护工也可以做到这些，不过还是要谢谢你。""那么，您认为那个护工怎么样?"男孩接着又问道。"我觉得我的护工是个很好的人，我对他非常满意。你问这个干什么?"男孩并没有回答老奶奶的问话，只说："打扰了。"就挂了电话。就在这时，朋友问男孩，说："你不是就在这位老奶奶那里做护工吗? 怎么还要打电话问呢?"男孩回答："我只是想知道我究竟做得怎么样。"不得不说，这位男孩用打电话的方式侧面得知老奶奶对自己的印象，是客观认识自己的聪明做法。

有人说："高看自己，便不能长进;看低自己，便不能振兴。"美国一位心理学家说:大部分情绪低落、无法适应环境的人，都是因为没有自知之明，没法正确认识自己。他们总是说自己运气不好，但处处和别人做比较。只有在生活中善于运用巴纳姆效应，能够做到客观而且全面地认识自己，才能在事业上和生活上处于上风。

青蛙效应：生于忧患，死于安乐

青蛙效应，是一个比较典型的效应，起源于举世闻名的"青蛙实验"。实验人员把一只青蛙放进装满开水的锅里，因为受到"热"的猛然刺激，青蛙会马上从开水里蹿出来。后来，实验人员又把青蛙放进装满凉水的锅里，然后缓缓加热，虽然感受到了温度的变化，青蛙却因惰性使然，并未立刻往外跳，直到失去逃生能力，最终在麻木中死去。

经过分析，科研人员认为，这只青蛙之所以在开水的锅里能逃出来，原因是它受到了开水的刺激，所以竭尽全力跳了出来；而在后来的实验里，因为刺激来得缓慢，因此青蛙放松了警惕，可当它感受到危机时，自己已经没能力逃出来了。

通过这一实验结果，让我想到了有时候我们所面临的主要威胁，并不是来自突然发生的事件，而通常是在缓慢的过程中形成的。所以，大部分人就会如同青蛙那样，对于突然发生的变化，可以顺利应对，可对于缓慢发生的变化，却无法感知，因而造成相对严重的结果。因此，我们不能只看到突然发生的危险，而忽略那些缓慢发生而不容易察觉的危险，因为那种危险才是最可怕的。我们应该在任何时候都要保持警惕，谨记"生于忧患，死于安乐"的警句。

主动远离舒适区

生活中，我们所处的区域，大致可以分为舒适区、学习区和恐慌区。从感受上来说，舒适区是最让人愉悦的，因为这里的一切都驾轻就熟，一切都尽在掌握，而一旦离开这种环境会让人手足无措。所以说，一个人要做出改变其实很难，尤其是能够主动远离自己的舒适区，可以说要有很大的勇气才能完成。前央视主持人张泉灵就是这么一个勇气可嘉的人。

她在一次演讲中，被问到为什么要从央视辞职去做投行时，她回答说："时代抛弃你时，连一声再见都不会跟你说。我是一个充满了好奇心的人，所以即便痛苦，即便要离开自己的舒适区，即便会造成更大的焦虑和不安全感，我还是决定迈出这一步。这一步在外界说起来，是华丽转身。但坦白讲，一点都不华丽，这个过程非常痛苦。但人生毕竟有限，如果我能在一辈子，尝试两种完全不同的生活方式，面对着完全不同的世界，而且相比于现在的世界，另一个世界又代表着未来的趋势。我愿意冒这个险，我的好奇心驱使我做了这个决定。"

与其说好奇心是驱动力，倒不如说起关键作用的是危机感的存在。因为不甘心做温水里的青蛙，也为了能够在意识层面始终保持警醒，最终才促使张泉灵勇敢地走出了自己的舒适区，实现了职业转换，找到了新的自我价值。

时刻保持危机感

说起危机感，华为公司曾经发生的"集体辞职"事件，可以说是一个十分典型的例子。2007年，华为公司发生了"集体辞职"的运动。公司要求，包括创始人任正非在内，所有员工只要工作满8年，2008年元旦之前，必须办理主动辞职手续，然后再次"竞业上岗"，同公司签订1~3年的劳动合同，并且废除现有的工号制度，对所有员工的工号进行重新排序。

这一运动涉及7000名员工，算是当时行业里一件大事。对于华为为何要进行"集体辞职"运动，李翔如此解释："其实非常简单，业绩是企业的根本，只有不断实行这种严酷的制度，才能让员工始终保持警觉性，以绝对认真的态度投入工作之中。有些员工把这种工作制度当成对自身能力的'压榨'，其实不是这样的。这种制度的实行对于企业与员工是双赢，企业在此过程获得了利润，员工则让自身的能力得到了提升。"

一个企业的发展逐渐稳定下来后，老员工很容易沉溺在现有的成绩中，失去了进取的动力，也就失去了工作中的创造性。这对于企业的长远发展是非常不利的。华为倡导的企业文化始终是充满狼性的，是拼搏进取而且时刻保持对危险的敏感、对环境的警觉、对业绩的强烈追求和对客户至上的不懈追求。拿着高工资、不干活的老员工其实就如同一只温水里的青蛙，在温度缓慢变高的温水中等死，全然不知危险将近，最后只会难逃被煮熟的命运。

青蛙效应主要反映的是"生于忧患，死于安乐"的道理。而人天生就是有惰性的，总愿意安于现状，不到迫不得已多半不愿意去改变已有的生活。但是如果一个人或者是一个企业长久地沉迷于一种无变化的安逸状态而忽略了周遭环境等的变化时，一旦危机到来，就会像那只青蛙一样坐以待毙。所以，我们要学习张泉灵，敢于走出舒适区，学习华为公司始终保持危机感。不管个人也好，企业也罢，只有拒绝成为温水里的青蛙，始终保持危机感和斗志，才能避免被淘汰的命运。

镜中我效应：不要被别人左右

美国的社会学家查尔斯·霍顿·库利在其著作《人类本性与社会秩序》中提出：很大程度上，人类的行为取决于自我的认知，而这种自我认知主要是通过和外界的互动形成的，别人的评价等是反映自我认知的一个参照。个人通过这个参照来认识自己。另外，作者还曾打过一个特别恰当的比喻："个人其实是他人的一面镜子。"库利的这个理论后来又被称为镜中我效应。

可见，通过镜子能使自己快速地建立自我概念。但镜子往往并不能如实地照到客观的我。况且不同的镜子照人的效果也不尽相同。有的镜子带有颜色，有的镜子是凹镜，有的镜子是凸镜，有的镜子大，有的镜子小，有的镜子是圆的，有的镜子是方的，等等，尽管都是同一人站在前面，但反映出来的镜中我却是不一样的。因此，照镜子时不要盲目地拿来就照。同时也要不断地告诫自己，生活中要善用肯定和鼓励，将身边的人改变成我们期望的样子；也要仔细分辨来自对方的评价，不要被别人的评价所左右。

善用肯定和鼓励

我国著名教育家陶行知先生担任中学校长时，某天，他看到一个男生正想用砖头砸其他同学。陶行知先生立刻制止了这个孩子的行为，叫他到校长办公室去。然后，陶先生向别的同学简单地了解了一下学生打架的起因和过程，回到办公室，那个男生在等他。陶先生掏出一颗糖递给这个学生说："这颗糖是给你的奖励，因为你比我准时。"接着又掏出第二颗糖，"这颗糖也是给你的奖励，我告诉你不要打人，你就马上住手了，说明你特别尊重我。"

这个学生接过糖，先生又给他一颗糖，说："据我所知，你之所以和同学打架，是因为那位同学欺负女孩子，这正好说明你是非常正义的人。"听到这里，那个学生哭了："校长，我知道错了。不管同学做得对不对，我都不应该靠打架来解决问题。"陶先生这时又掏出一颗糖，说："知错就改，善莫大焉，我还要奖励你一颗糖。"

作为一名教师，一定要具有一双能够"发现"的眼睛，要善于发现学生身上的闪光点，要给学生建立一个准确的"镜中我"的定位。这种做法对于学生培育自我意识是非常有必要的。那个想打人的学生最初以为校长因为他打同学，会批评他、说他是个坏孩子，没想到校长非但没有说他一个"不"字，还不断地表扬他。这样他就会对自己产生积极的评价：哦，原来我在校长心目中不仅不坏，还是个好孩子。这种"镜中我"的定位对他很快认识到自己的错误并坚定自己的做人信念有重要的作用。

不要让别人的评价左右你

曾经有这样一位画家，他年轻有为，立志要画出让所有人都惊叹的作品，为了知道别人对自己的画到底执怎样的看法，于是把自己最得意的作品拿到市场上，并将一支笔摆在旁边，让人们可以随意把他们认为不足的地方给圈出来。

许多人很快聚集过来，在画上标圈下了自己认为不满意的地方。回家之后，画家惊讶地发现，画上已经密密麻麻地圈了很多处。显然，在人们的眼里，这幅画根本就是一件失败的作品。

画家的自信心顿时受挫，他从此情绪低落，甚至开始怀疑起自己的绘画才能。他的老师得知这件事后，就教导他，千万不可以把心思放在那些批评上，并让他再把一幅风格类似的作品放到市场那里，唯一不同的是，这次让行人把他们认为画得好的地方圈出来。

第二天，画家便按照老师的意思去做了。让他大吃一惊的是，当他把作品拿回家时，他发现画上又都密密麻麻地圈了好多处。

画家马上明白了其中的道理。自那之后，他不再盲目听从他人的赞誉和批判了，他开始潜心创作，最终取得了不俗的成就。

如果你过于在意别人的看法，说明你缺少强大的自信心。假如一个人不具备强大的内心，一般都会被别人的看法左右，从而按照别人的看法和观点去进行自我认知，致使你觉得自己真的是别人想象成的样子。不要活在别人的看法和评价里，更不要让别人的观点去定义你。

生活中，人们往往热衷于随意评价别人，却很少用心来审视自己。就好像观看别人下棋一样，那些对别人指手画脚的人，只是把你的棋局看作一项娱乐，赢了，则是他们指点得高；输了，则是你自己无能。要知道，真正对输赢负责的人是你自己！要是把棋盘的道理移植到生活当中，道理也是一样的：谁的人生谁负责，谁的人生谁做主。假如人缺乏主见，被别人的看法和观点所包围，那就只会输得很惨，别人不但不会对你负责，反而会把你的失败当成新一轮的评价谈资。所以，当别人随意评价你的时候，可以听一听，但不要被别人摆布。

跳蚤效应：不要限定自己的目标

跳蚤效应，最先源于一个关于跳蚤的实验：生物学家曾经将跳蚤随意向地上一抛，它能从地面上跳起一米多高。但是如果在一米高的地方放个盖子，这时跳蚤跳起来，就会撞到盖子上，而且是一而再再而三地撞到盖子。很长时间过后，再次拿掉盖子，生物学家就会发现，虽然跳蚤还在往上跳，但再也无法跳到一米的高度了，之后便一直都是如此。为什么呢？其实理由很简单。跳蚤已经对自己往上跳的高度进行了调整，并且渐渐适应了这个高度，再也没法改变。

其实，不只是跳蚤，人类也一样。在工作生活当中，大多数人不敢追求梦想，不是因为梦想难以实现，而是因为这个人在内心深处已经默许了一个高度。而这个高度经常会让他们的水平受限，难以看到真正的努力方向。因此，跳蚤效应给予我们最大的启发是：对于一个人来说，怎样的目标成就怎样的人生。

自我设限是失败的第一步

美国名校哈佛大学曾经对一群各方面客观条件都相差无几的年轻人做过一个长达25年的调查研究。研究结束后，这些年轻人的生活状况大概如下：3%有明确的长远目标的人，25年来从未改变过自己的目标，他们大都成长为社会各界一流的成功人士；10%有明确但短期目标的人，几乎在社会的中上层工作生活；60%目标非常模糊的人，大部分在社会的中下层进行工作和生活，都没有做出过特别优异的成绩；其余27%连目标都没有的人，仍然生活在社会最困苦的阶层里。可见，有长远目标的人，能够勇于追求自己的梦想，从而获得成功；而没有目标和追求，自我设限的人，最后只有失败的结局。

在《国王的演讲》这部电影中，约克公爵自小怯懦口吃，无法在大众面前流畅地发表演讲。但他并没有停留在自设的牢笼里，反而是常常把自己置于当众演讲的那样一种场景当中，从而让自己直面内心的恐惧，突破自身的局限。他最终发表了闻名世界的圣诞演讲，鼓舞了正处于"二战"中的英国军民。我们想要成功也应该突破自我设限的牢笼，并将其当作是一种超越自我的成长体验。而在这场体验中，越是害怕一些东西，就越是要与其正面交锋，让自己在恐惧的人、事、物面前不断得到磨炼。当这世界上没有你害怕的事情，没有你害怕的人，没有你害怕的后果的时候，其实就没有了自我的限制。

许多人都热衷于给自己的人生设置太多的假设和前提，以至于我们认为自己没有希望，无能为力，毫无价值。人生最后悔的事不是失败，而是"你本可以"。所以，有梦就去追，不要设限。

没有目标等于没有动力

1952年夏天的一个清晨，加州海岸笼罩在浓郁的雾气中。海岸西侧的卡塔林纳岛上，一个年轻的女人进入太平洋向加利福尼亚海岸游去。如果成功了，她就成为首位游过这个海峡的女性。这位女子的名字叫费罗伦丝·柯德威克。此前，她是首位游过英吉利海峡的女性。一大早，海水冻得她瑟瑟发抖，雾气很重，就连护送她的船只都已经找不到了。时间一点点地流逝，成千上万的人正通过电视注视着她。从以往的渡海经历中我们得知，她最大的敌人不是疲劳，而是冰凉的海水。

15个小时过去了，她被寒冷的海水冻得瑟瑟发抖。她清楚地知道，自己不能再游下去了，于是叫人拉她上船。她的母亲和教练正在另一艘船上等她。他们提醒她，她此时离海岸很近了，千万不要放弃。可她朝加州海岸看去，除了浓浓的雾气，其他什么也看不到。半小时过后，人们终于把她拉上了救援的船。可她上船的地点，离加州海岸只有不到半英里（1英里=1609.344米）!

当她的家人告诉她这个消息后，她非常沮丧。她告诉现场的记者，真正让她放弃的不是疲劳，更不是寒冷，而是没法看到目标的恐惧感。

可见，目标是激励一个人前进的动力。只有当一个人明确目标以后，才能调动其潜在能力，从而创造出最佳成绩。一旦没有了目标，就没有了前进的方向，结果只能以失败告终。所以，任何时候都不要限定你的目标，如同费罗伦丝·柯德威克一样，或许再努力一把就成功了。

高盛CEO贝兰克梵在一次演讲中表示，人生是难以预测的，因此不要给自己设限。尝试着与同样具有野心的人为伴，让自己时刻保持成长。所以说，人生充满着可能性，不要轻易对自己说不可能、做不到，就如同实验中的跳蚤不要轻易被那个高度吓到，不要限定自己的目标，而要勇于挑战、敢于自我突破。

摩西奶奶效应：不要束缚自己的天赋才能

在美国弗吉尼亚州的一个农场里，有位农妇，名字叫摩西，看似普普通通的她，却称得上是一位传奇的美国女性。由于她在73岁的时候扭伤了脚，不能再继续干农活，几年后才开始学习绘画。令人意想不到的是，在她80岁的时候竟然在纽约举办了首次个人画展，一时间名声大噪，大家都亲切地称呼她为"摩西奶奶"。摩西奶奶直到101岁才去世，尽管她从来没有接受过正规的训练，但是对于美的追求使她爆发了让人难以想象的创作能力，以至于在她25年的创作生涯里，总共完成了1600多幅作品，简直可以称得上是大器晚成。她之前骄傲地说："上帝会为每一个梦想成功的人打开一扇便门，哪怕你已经到了迟暮之年。"后来，人们将类似的老有所为的真实事例称为"摩西奶奶效应"。

从这个效应中我们可以得到以下启示：一个人拥有无限的潜力，如果不去进一步挖掘，这个潜力就会慢慢消失。因此，即便一个人已经高龄了，也不要因为年事已高而自暴自弃，因为每个人所具有的潜力都是惊人的，关键是要善于运用和挖掘。

每个人都能找到自己的"苹果"

出生在1949年的木村秋则，是住在日本青森苹果农家的二儿子。但是他最不想当的就是苹果农。木村秋则高中毕业后到东京就业，后来回青森相亲，与高中同学木村美荣子结婚并继承了木村家苹果园，留在青森生活，当了他最不想当的苹果农。

令人意外的是，多年以后，他种出的苹果却成了这世界上最奇迹的苹果。因为普通的苹果在切开后放置上一会儿，表面就会变成咖啡色，之后就开始慢慢腐烂。但是木村种出来的苹果，在切开后，就算放置两年之久也不会烂，而是只缓缓失水，最终变成淡红色的干果。现在，在东京的顶级法餐厅，用木村的苹果做的料理，预订已经排到一年之后。然而培育这种奇迹的苹果，几乎搭上了木村的一生，十多年来，一家人一直生活在极度的穷困中。他用八年时间等来了七朵苹果花的开放，十年时间换来果园的大丰收，三十年时间坚持种出颠覆大家印象的苹果。

木村的故事也随着他的苹果流传到了整个日本，2013年日本著名导演中村义洋把木村的真实故事改编成了电影，名为《奇迹的苹果》。

第一个苹果，诱惑了夏娃，造就了人类；第二个苹果，砸到了牛顿，成就了万有引力；第三个苹果，被乔布斯咬了一口，造就了移动智能；第四个苹果，成就了木村秋则，使世界农业产生翻天覆地的变化。所以，每个人都要善于发现自己的特长和优势，要挖掘自己隐藏的才能。如果是这样，每个人都将能够找到属于自己的"苹果"。

人生什么时候开始都不晚

82岁的日本老太太若宫雅子，是世界上年纪最大的 iPhone 应用开发人员之一，作为帮助老年人使用智能手机的先驱，她当之无愧。

20世纪90年代，当她从银行职员的岗位退休时，就对计算机产生了浓厚的兴趣，而她在60岁之前根本连电脑都不会用，甚至连开关机都不利索。可是，对于长期在家照顾病人的她来说，电脑所能够带来的便利，诱惑实在是太大了。于是她凭借着那股韧劲，不断摸索尝试，终于慢慢学会了操作电脑。她仅仅花了几个月的时间就建立了自己的第一个系统，首先是BBS消息——互联网的前身。然后，她先后使用微软笔记本电脑、苹果电脑，最后是iPhone手机来锻炼自己的编程技能。她曾要求软件开发人员为老年人提供更多的功能，但由于缺乏响应，她不得不亲自动手。若宫雅子学习了编程的基础知识，在她的努力下，成功开发了一款"雏坛"的应用程序，这是她为日本60岁以上老人开发的第一款应用程序游戏。现在，她的邀约不断，苹果邀请她参加全球开发者大会，她作为最年长的应用程序开发者出席，而且有人亲切地称呼她为"super IT 婆婆"。

如今，在若宫雅子曾经学习过的电脑俱乐部网站的欢迎界面，仍然可以看到这样的话：人生从60岁才真正开始。如果super IT婆婆能够做到，那么只要有创意，敢为人先，任何时候开始都不算晚。

显而易见，人的潜力当然是没有穷尽的，需要我们积极开发才能使潜力变成实际的能力。就像俄罗斯作家格拉宁说的，如果大家都特别清楚自己要干什么，那么生活将会变得特别美好！因为每个人的能力都比自己预想的大得多。在日常的工作生活中，不管事业是否成功，不管年轻还是年老，只要对自己的天赋有绝对的信心，并积极进行开发和运用，就必定会大有作为。因而，我们所有人都不应该浪费自己的天赋，要充分发掘自己的才干。渴望成功的人，任何时候开始都不算晚。

第二章

放大格局：思维方式决定人生格局

隧道视野效应：不要把自己局限在小的格局里

在日常工作生活中，我们都会产生这样的想法：假如一个人在隧道中，视野狭窄，那么通常他没办法做出高明的决策。这个理论被称为隧道视野效应。

这一效应给予我们的启示是，要想有长远的眼光和开阔的思路，就必须站在更高更开阔的地方，只有这样，才能完善自己，才能有远见。

因而，在生活工作中，问题的关键点不是现在，而是未来。要看到事物以后的发展趋势，就要有深远的眼光。

泰坦尼克号是眼光的胜利

在电影的辉煌历史长河中，有一部精彩绝伦的电影《泰坦尼克号》。《泰坦尼克号》的上映不仅打破了全球影史票房纪录，还在第70届奥斯卡金像奖上，获得了包括最佳影片在内的11个奖项，其导演詹姆斯·卡梅隆也因此获得了奥斯卡最佳导演奖。对卡梅隆来说，这番巨大的成功却并非易事。

在拍摄《泰坦尼克号》之前，卡梅隆也曾拍摄过许多大片，并且获得了绝佳的票房，但他却认为自己应该有所突破。于是，他找到电影公司，向公司老板表示：自己打算在船上拍一部长达3小时的"罗密欧与朱丽叶"般的爱情电影。

此前，卡梅隆所拍摄的电影都是动作片，长度最多也就2个小时，至于把爱情片拍到3个小时，那更是闻所未闻。但基于他过去成功的经验，老板选择相信他一次，但与此同时也提出了一条要求：严格控制预算。卡梅隆笑着表示预算绝对不会很大，因为场景不过就是一条船罢了。

其实不然。《泰坦尼克号》每日花在拍摄上的钱接近25万美元，有时甚至达50万美元之多！刚刚拍了一年，公司的预算就已经花完了。公司老板觉得风险太大了，打算立刻叫停。卡梅隆此刻马上显示出男人的本色来，他告诉电影公司：他决定不要拍摄这部电影的报酬，而将这笔钱继续用于拍摄《泰坦尼克号》。他只不过是想证明自己，就轻易放弃了上千万的酬劳！见他决心已定，电影公司最后终于妥协了。

上映之后，《泰坦尼克号》的票房超过21亿美元，打破全球影史票房纪录，同时也是1997年至2010年间，票房最高的一部电影。电影大火之后，电影公司也拿出了整整1亿美元的分红，当成对导演卡梅隆的补偿。由此可见，一个人不能只把眼界局限在小的格局里，否则将难以取得更大的成就。

成功只留给具有远见卓识的人

甲乙两人都在同一个超级市场打工，大家都是从最底层开始干起。不久，甲受到总经理的器重，连连被提拔。仍然在最底层混的乙心里不平衡，便向总经理提交了辞呈。

总经理听着乙的辞职陈述，然后说："你到集市上看一看，今天都卖些什么。"没过多久，乙回来说："只有一个农民在卖土豆。"总经理问乙："那么一车一共有多少袋，需要花多少钱才能买下来？"然后乙又跑了回去，回来后说："有10袋。""价格呢？"乙重新又跑回集市。

总经理盯着筋疲力尽的乙说："你先休息一下。"总经理又把甲叫过来，交代他："你现在就去看看集市上今天卖什么。"甲很快就回来汇报："目前只有卖土豆的，只有一车，共有10袋，价格优惠，质量特别好。"甲还带回来几个土豆让总经理看，并继续说，"卖土豆的农民待会儿还会拉一些西红柿去卖，我问了下，价格公道，可以进购一些。"此时，乙终于明白了，自叹不如。

因为甲做事心细，任何事都比乙多想多做，所以能取得更大的成功。由此可见，在现实工作和生活中，远见和前瞻性会让你的生活和工作发生巨大的改变，成功自然也只留给那些有远见卓识的人们。

戴高乐曾经说过："眼睛能够看到的地方，就是实现成功的地方。伟大的人做伟大的事。这些人之所以伟大，是因为他们有坚定的决心，要去做伟大的事。"上学的时候，体育老师会说："当你跳远时，眼睛一定要望着远方，因为只有这样，你才能跳得更远。"由此可见，我们若要成就一番事业，必须树立远大的志向，有开阔的视野，通过敏锐的眼光洞察现实，预见将来的发展趋势，才能有助于摆脱困境，最终走向成功。

羊群效应：要有自己的主见，不要盲从

有这样一个实验：把一根木棍横放在一群羊面前，第一只羊经过时从上面跳了过去，第二只和第三只同时也跟着跳了过去。此时，再把棍子拿走，当后面的羊走到之前摆放棍子的地方，就会像之前的羊一样跳一下，即使棍子早就不在了。这就是著名的"羊群效应"，也可以把它称作"从众心理"。

在日常工作生活当中，关于羊群效应的事情屡见不鲜，譬如IT大热时，人们都要从事IT行业；做管理咨询赚钱，大家都一窝蜂拥上去做管理咨询……但需要注意的是，这种从众心理往往会让人们丢掉自我。那么我们应该怎么做呢？我们应该去做自己真正感兴趣的工作，而不是从事所谓的热门工作。适合别人的事却不一定适合自己。所以，遇事我们应多一些独立思考的精神，少一些盲目从众的心理。

我们不是羊，需要自己去衡量

美国作家詹姆斯·瑟伯有一段十分传神的文字，是用来描述人们的从众心理的："突然，一个人跑了起来。也许是他猛然想起了与情人的约会，已经过时很久了。不管他想些什么吧，反正他在大街上跑了起来，向东跑去。另一个人也跑了起来，这可能是个兴致勃勃的报童。第三个人，一个有急事的胖胖的绅士，也小跑起来……十分钟之内，这条大街上所有的人都跑了起来。嘈杂的声音逐渐清晰了，可以听清'大堤'这个词。'决堤了！'这充满恐怖的声音，也许是大街上某位老太太喊的，也许是某个值班的交警说的，还有可能是某个女孩子说的。谁也不知道消息来自哪里，更没人知道到底出现了什么状况。只见上千个人突然四处逃窜。'往东！'有人喊了一句。东边离河比较远，那里安全。'往东跑！往东跑！'"

可见，正是这种从众心理，才让人摸不着头脑地乱跑乱撞。可是，我们要清楚，我们并不是羊，需要自己去衡量，需要对事情的缘由进行理性分析，要有自己的主见，而不是傻傻地跟着疯跑。其实，生活中，很多时候很多人也都会犯类似错误，比如，领头羊到哪里去"吃草"，其他的羊也会去哪里"淘金"，但前提是，我们要仔细衡量，最终做出对自己更有利的决定，毕竟别人能够发财的地方，可能未必适合你。

从众心理让人变得缺乏创造力

心理学家阿希组织了7名被试者，让他们参与一个关于视觉判断的实验。工作人员分别递给他们两张卡片，第一张卡片上画着3条长度不一的黑色的线，第二张卡片上画着1条黑色的线，给他们安排的任务是，分辨第一张卡片上3条黑线中的哪条黑线和第二张上的那条黑线更接近。在这7个人当中，编号为6的才是唯一一个真正的被试者，其余6位都是助手，这6个人会选择同一个不正确的答案，那么这个被试者会更改他的答案和其他人一致吗？结果是，已经做出决策的群体成员的决策一致性，会给其他成员一种很强的从众压力，这种压力会让后决策的成员更加遵从这种一致性。也就是说，随着选择同一个答案的人数增多，被试者的从众效应会增强，会迫于群体压力而更改他的答案和其他人一致。如果有一个人和他的答案一样，那么被试者从众效应会减弱，开始相信自己的选择。

由此可见，盲目从众的结果是错失了"正确答案"，即便我们心中有了自己的答案，面对类似情形，多少都会有些动摇。但是假设都如此，人们全都盲目跟从一个错误的答案的话，后果多么可怕。所以，现实生活中，我们不能一味地怀有从众心理，而更需要坚持主见，宁愿自己得到的是错误的答案，也不要丧失思想上和行为上的独立性，最终变成一个缺乏创造力的人。

对于个人或企业而言，跟在他人后面盲目从事的结果只有被吃掉或者被淘汰。要想生存，最关键的要素就是有自己的见解和创新，另辟蹊径才是你从众人里凸显出来的捷径。因此，无论是到公司上班还是自己创业，保持创新、独立解决问题的能力，始终是最为重要的。投资亦然。与大众背道而驰往往有被践踏的危险。但是，投资更像是打一场硬仗，胜利的号声总是倾慕那些与众不同的人。当然，这同时也表示，智者总是可以嗅到与别人不同的信息，并采取相应的方法付诸行动。因此，凡事只有敢为人先，勇于开拓，大胆地去做别人没做过的事，坚持自己的主见，才能打破常规，有助于摒弃从众心理，最终获得更大的胜利。

内卷化效应：人要有所追求，而不是重复自己

内卷化效应指的是，长期以来从事同样的工作，并始终保持在一定的水平线上，不寻求变化，没有改观。类似的这种行为，大多是自我浪费、自我懈怠的表现。

20世纪60年代末，美国一位名叫利福德·盖尔茨的人类文化学家，曾经在爪哇岛生活过一段时间。但是让人意外的是，这位长期居住在风景名胜区的文化学家，并没有心思欣赏如诗如画般的美景，却醉心于研究当地的农耕生活。他眼中看到的都是犁耙收割，日复一日年复一年，这里一直停留在一种简单重复、没有进步的轮回状态，这位学者把这种现象称为内卷化效应。

事实上，一个人能够进到内卷化状态的根本原因就在于精神状态和思想观念。只要陷进这种状态，便好像车入泥泞，裹足不前，平白无故地浪费着有限的资源，重蹈覆辙，虚度着珍贵的人生。因此，每个人都要有所追求，而不要每天都是简单地重复着昨天的生活。

"铁饭碗"正在一点一点地毁掉你

小李在一家规模很大的公司从事了五六年的助理工作，公司一直在引进新员工，周遭同事也都有所进步得到升迁机会，可他依然做着助理工作，在原地徘徊不前，每日做着千篇一律的工作，丝毫没有转机。老张做了15年的"技工"，一同进厂的已有人做了高工或者主管，可他仍然是个工作在基层的技工。老周20年前创作的一部作品使他声名远播，人们都断定他前途一片光明，可是20年光阴流逝，他的创作水平再也没有长进，至今仍然没有新作品问世。

综观以上内卷化效应的例子可知，大家都以为进入一个好公司，端上"铁饭碗"就高枕无忧了。其实，不管你愿不愿意承认，在当今社会，真正的"铁饭碗"已经随着时代大潮消失了。而人们现在所说的"铁饭碗"，可能正在一点一点毁掉你，让你的学习能力逐渐退化，从而变得安于现状，不思进取。

不惧挑战，只为不做重复的自己

《我的前半生》中的罗子君，婚变让她从一个只会逛街、每天家长里短、担心丈夫出轨的家庭妇女，变成一个独立自主充满魅力的职业女性，让离开的前夫后悔离婚，让原本高高在上的高管心仪。

当她被推出家庭，要面对一切，面对生活，面对职场，一步一步地脱离自己的舒适圈，去适应变化时，痛不痛呢？这个过程一定是很痛的，但这种撕裂般的成长带来的变化，是不可估量的。

她离开调查公司的时候说，这个场景和离婚时很像，但是，心情完全不一样，这个时候的她，更加的自信，知道自己要什么，知道自己能做什么。面对变化，她一点都不害怕。当然，不是说让我们期待变故，而是希望在变故来临之前，我们可以准备好适应变化的能力，或者，在变化还没有来临之前，我们感到懈怠的时候，能够找到持续自我成长的渠道。

罗子君的经历告诉我们，从家庭主妇到职业女性，她所走的每一步都是对自己的挑战，而她能够不惧挑战，一步步魅力变身，其关键就在于不想做重复的自己，因为她已经变成了一个有追求的人。

人生就是这个样子，自己不寻求改变的时候，就只能被别人的改变所影响，自己的改变还可以主动地去选择，但是别人的改变就只能够被动地去接受，被迫接受显然是痛苦的，当我们还可以自主去选择的时候，一定不要选择原地踏步止步不前，当所有人都在奔跑的时候，你的行走就变成了后退。其实在内卷化效应下，每个人对于资源的消耗都是非常巨大的，包括精力和时间等。因此，我们只有努力发挥优势，不断改变想法，积极提升能力，奋力实现目标，才能走出内卷化的泥淖，为生活和事业开辟一片新天地。

奥格威法则：你越厉害才能越厉害

奥格威是位有名望的某广告企业的创始人。奥格威之所以能够成功，主要因为他爱惜人才，他觉得只有有才干的人才能打造一流的公司。有一次，在公司董事会上，他在每一位与会者身前摆放了一个玩具，说："请大家打开看看，那里面装的是你们自己！"各位董事都吃惊不已，然后将信将疑地打开包装。他们看到的是一个同类型的更小的玩具，反复几次之后，直到打开最后一个包装时，他们才发现玩具上贴的纸条。那个纸条是奥格威写给他们每一个人的，大概意思是：你如果始终都只雇用比自己水平低的人，那公司将会沦为侏儒；你如果敢于雇用比自己水平高的人，那公司将会变成巨人！自此之后，人们把这个说法称为"奥格威法则"。

显而易见，一个公司不缺好产品、好设施以及雄厚的财力，但那又怎样呢？仅有财和物，并不能带来什么变化，只有引进大批优秀人才把产品推销出去才是最重要的。因此，若想使公司充满生机活力，必须要做的是选贤任能，雇请一流人才，而不能武大郎开店，害怕对方超越自己。要知道，你越厉害才能越厉害，企业也是。

谷歌公司对人才的重视

谷歌创始人拉里·佩奇是一个追求完美的人，在聘请员工时，要求计算机专业、管理专业的人是不聘请的。Urs Holzle就是谷歌的前10名员工之一，他也是谷歌人才聘用系统的建立者，他现在是谷歌公司的技术架构高级副总裁，因为拉里·佩奇仅仅聘请最机敏的人才，基于仅仅高IQ并不能让人具有创造力或成为团队的指挥者，于是谷歌公司设计了一个严谨的招聘流程，这也是一个伟大的起点。

Urs Holzle解释道："在一个刚创业的公司里工作，我的体验是极差的，员工很快就从7个人变成了50个人，我们的生产率反而大不如以前，因为新来的工程师消耗了我们大部分时间，而我们将团队控制在15个人以内，每一个人都变得很出色。"

从谷歌公司聘请的前100名员工个人发展来看，有一些人成了雅虎和美国在线的CEO、投资家、慈善家，还有一些继续在谷歌工作，领导着谷歌的广告、产品和技术业务，这与谷歌严格的招聘标准和对招聘的重视程度密切相关！

事实上，19年后，在谷歌前100名员工中还有三分之一在谷歌继续工作，这是极其罕见的。谷歌公司很关注员工人数的增长，从10人到10000人，是因为谷歌有很多工作需要人去完成。拉里·佩奇曾这样说道："从员工人数的角度，我们还是一个中等规模的公司，我们才有10000多名员工，有些公司早已百万员工，这就是一个100因数，如果我们的员工人数达到了百万时，我们能做些什么呢？"他常常告诉员工，在将来每一个谷歌人都能运营一个跟今天的谷歌一样大的公司，同时，仍然是公司的一部分。

华为的人才管理艺术

华为在市场方面的成功，不只源自技术的投入。要知道，技术是由人创造的，技术竞争归根结底是人才的竞争。从过去三十年发展看，华为的人才管理无疑是成功的。目前华为拥有约18万员工，约90%是知识型员工，且有非常大比例的员工是外籍人员。

比如在MWC上大放异彩的华为5G。据悉，华为早在2009年就组织全球无线领域的多位"大咖"，投入5G标准和技术研发中。到目前为止，华为已为5G投入数千研发人员，分布在全球多个研究机构。通过一系列的努力，华为得以在MWC上发布5G端到端全系列产品解决方案。

所以，华为公司的人才观和人才战略引起社会各界重视。"胜则举杯相庆，败则拼死相救""蓬生麻中，不扶而直""猛将必发于卒伍，宰相必取于州郡"……许多华为践行的人才管理金句，被各界学习与采用。

华为不追求利润最大化，不追求股东价值最大化，而是把公司的长期有效增长作为首要目标。

在华为公司的投入架构中，关于人力资本这方面的投入始终处于优先和超前的位置，充分说明了先有人力资本的投入，再有财务的增长和高投资的回报。这里讲的人力资本，主要包括员工的教育水平、智力、技能和学习能力、创造力、团队合作生产力和员工数量等。财务资本主要指股东权益、总资产等。

华为认为，从当期的损益来看，人力资本的超前投入会增加短期的成本，大量招人会增加工资支出和期间费用支出，有可能减少公司的当期效益；但从长期来看，能抓住机会、创造机会，增加企业的长期效益和价值。

由此可见，管理者的境界决定了公司的高度。在用人方面，不敢聘用比自己强的人，会限制整个队伍进一步发展壮大，让公司发展遭遇天花板。突破天花板是一个痛苦的过程，管理者把心打开，善用比自己强的人独当一面，自然容易迅速打开局面。高明的领导者善于发现那些能力特别突出的人，甚至是能力强过自己的优秀员工。要坚信，一个公司只有人才越厉害，公司才能越强大；一个人，只有敢于接纳比自己更优秀的人，才能越来越优秀。

里德效应：改变人生从格局开始

　　花旗银行是世界领先的金融机构之一，该公司在环境的变化对经营的影响方面有着十分深刻的认识。该公司总裁约翰·里德就曾经指出，如果有谁认为今天存在的一切将永远真实存在，那么他就输了。这句话表明：环境是不断变化的，今天的一切不会永远真实存在，假如企业家无法洞察这些变化，那他就彻底输了，他的企业也会面临举步维艰的处境。因此，如果想经久不衰，就不能经久不变。不管是个人还是企业，里德提出的这一定律都适用。

腾讯微信的主动出击

　　在一个快速变化的动荡时期，领先公司最怕的是被颠覆。诺基亚、摩托罗拉、柯达等一些家电巨头，都曾是显赫一时的公司，但在应对颠覆浪潮时，没有主动出击，只有被动应付，最终落得美人迟暮、日薄西山。在大颠覆时代，有没有守护至尊地位的法宝？腾讯公司给出了答案——它以小项目使团队创新的模式，主动出击，从内部进行自我颠覆，成功地推出了微信，引领着时代的浪潮。

毋庸置疑，公司领导者最怕的就是被颠覆。由于数字技术的突飞猛进，自己原有的市场竞争门槛越来越低，新创企业不断冒出，许多行业领军者很可能在短时间内失去领先地位。威胁来自技术引发的用户需求和商业模式的时代变迁，鲜有公司能够正确应对威胁和颠覆，大象级企业被拱倒是常事。

微信的商业化是一个自然而然解决用户需求的问题，最终演变成帮助传统企业用户实现O2O的商业模式。微信转账功能需要加了好友才能进行操作，为方便大家的使用，微信团队推出了"收付款"功能。使用者只要打开并授权二维码，不用加好友，也能够把钱转给对方。这个功能推出后，越来越多的小商户开始用它取代线下收款和POS机业务。还有些商户自发地推出微信支付打折活动，来吸引顾客。有了微信"收付款"后，每一个微信用户都成了一个收款机，能够很轻松地完成支付，现金的用处越来越式微。

微信的支付产品，在短短的两年多时间里，已经发展3亿绑卡用户，而且增长势头还非常迅猛。现在，50%以上的微信活跃用户都已经有微信支付的能力，而这种功能让支付过程非常简单，很方便就促成一笔交易。如今，腾讯正在把微信支付打造成各行各业支付的绿色通道。

小米的求生之路

手机是一个竞争十分激烈的行业，格局始终在变。从0到450亿美元的估值，小米只花费了4年半的时间。盛极而衰这个"咒语"始终在智能手机行业流行。三星曾经出现的炸机现象，OPPO和vivo手机的异军突起，极其形象地凸显了智能手机行业格局不稳的特点。

小米也曾走到过瓶颈期。创业伊始，小米将性价比和电商模式等一系列互联网思维的优点发挥得酣畅淋漓，但没过多久，就触到了天花板。就拿渠道说，电商只能占到国内智能手机销售20%~30%的份额，小米大概能占到电商销售份额的一半。然而核心问题出来了，小米始终触碰不到其余70%~80%的消费者。另外，像OPPO和vivo这类的传统手机厂商正在慢慢崛起，这些公司最大的优势是庞大而且可控的销售渠道。当然，不仅仅是销售渠道，供应链、品牌等问题都一股脑儿砸到了小米头上。

雷军开始研究美国零售商Costco、同仁堂、海底捞，现在又加了一个：日本的无印良品。在不同阶段，他也在学习不同方面。两年前的某次访谈中，雷军反复提到Costco，想学习的是"收取会员费的盈利方式"，而现在提到Costco，他认为更应该学习效率的革命。

在提高零售效率上，雷军的观点也发生了变化，两年前他认为只需要两点，一是做好小米网，二是倡导用户口口相传。但现在他的观点也变了，不仅要革线上的命，还得革线下渠道的命。站在十

邵

素

字路口，雷军想了将近七个月。他的解决方案是创建小米之家，这是一种结合了Costco和无印良品两种产品的综合体，所有产品都出自小米、米家，SKU保持在大约20个，雷军希望小米之家能成为中国的Costco，"只要里面的东西是需要的，就不用考虑价钱，因为一定是性价比最高的。"

"环境与机遇，是企业家经常探讨的一个话题，任何企业都不能完全复制别人成功的模式，就像种子和土壤一样，同样的种子落在不同的土壤里，也会结出不一样的果实。"因为市场一直在变，政策也一直在变，企业的生存之道也该是适时变化的，上一个周期的运营模式在淘汰之后应该立马寻找合适的新模式，否则就会被别的企业淘汰。物竞天择，适者生存。世界唯一不变的是变化。"微信之父"张小龙和小米创始人雷军二人的成功就是敢于改变，而不是坐守现有的成功度日，等着别人超越。因此，一个人的格局有多大，就能够取得多大的成功，改变人生从改变格局开始。他们二人能有今天的成就，不得不说是个人格局使然。

第三章

掌握情绪：不要让情绪指挥你的大脑

墨菲定律：越担心越会出现

墨菲定律是由爱德华·墨菲提出的一种心理学效应。20世纪50年代初，墨菲和其身为少校的上司参加了美国空军举行的关于火箭减速超重的实验。实验的主要目的是测试人类对加速度所能承受的极限，其中一个项目是在受试者上方悬空安装16个火箭加速度计。要想将加速度计平稳地固定在支架上，大致有两种方法，可是让人意想不到的是，有人竟然把全部加速度计安装在错误的位置上了。最后，墨菲据此得出了论断：假如完成某个项目可以有很多种方法，但某一种方法可能导致事故，那么一定会有人按照这种方法做。小概率事件在某个活动或实验中可能发生的概率很小，人们就会产生一种错误的理解，就是在这次活动或实验中根本不会发生。但是正相反，正是因为这种错觉的存在，使得人们的安全意识逐渐淡薄，反而增加了状况发生的可能性，从而导致状况发生的概率更大。

墨菲定律大致可以概括为：假如事情有变坏的可能，无论这种可能性有多小，它总是会发生。也就是人们通常说的：越担心越会出现，怕什么来什么。

一旦转错一次弯就会一直转错弯

生活中，大多数人都曾有过类似的体验：越在意的事反而越会出错。比如你在某一路口转错过一次弯，而每当你行驶至该交叉口时就会不自觉地想起自己上次转错弯的经历，于是你会格外小心，告诉自己这次一定不能出错，但结果往往事与愿违，你又一次转错了弯。那么，为什么会发生这么令人讨厌的结果呢？其实，这一情况之所以会发生，主要是记忆的怪癖。每当你走到转弯处，你都会试图回想上次在这里发生过的事情。可是此时，向左转时发生的事，你丝毫不记得，右转弯时发生的事却记忆犹新。这个十分重要的路口，激发了你关于向右转时的记忆。所以，在权衡了疑问和肯定之后，你会匆匆地选择转向右边。

如果想更好地应对这个交叉路口，你可能会需要一点厌恶疗法。比如当你正向右转时，遭到了一次电击，你肯定会记得不要再这么做。因为在下一次到转弯处时，你的记忆会让你把"向右转"和"伤痛"联系起来。需要注意的是，要产生这种效果，冲击必须在看到交叉口的瞬间发生，如果不是这样，可能无法发挥出应有的效果。

怕什么来什么

小李是一家外贸公司的生产经理，最近公司业绩很好，不断接到大额订单，但是他却很犯愁，不断膨胀的压力每天折磨着他。原以为每次接到新订单就只要盯着车间去生产就好了，但是最近却老是在出各种状况和意外，最后的结果不是产品抽检有问题就是交付超过了订单截止日期。

如果就此放任，将问题的根源归结于时机不好或是上天捣乱，似乎这种状态就会一直持续下去，那么真的无解吗？小李决定将一周的计划安排和可能存在的问题列成一张表格，这样就可以清晰地看到这一周的发展情况，并提前做好预防和应对。于是在周一前的周末，他已经把表格准备好了。

周一这天一切进展顺利，直到第二天早上，机器也没有出现任何故障和问题。而且，周一的时候，小李已经提前让职工检查了设备情况，做了修复，甚至还准备了应急设备。

但是周二早上原料还是没有送到，虽然本来和原料方的约定是中午交货，但以防万一，小李给原料方的代表打了电话，确认了一下具体送货的到达时间以确保不出意外。原料方很快就回复了小李，只要等到中午原料送达检查一下就没什么问题了。知道中午原料送达，小李放心地吃饭休息了。到了下午两点多的时候，车间主任找到小李，说产品出了问题，不明所以的小李赶忙去车间检查成品情况。

原来是有一条流水线的零件模具出了偏差，导致最后的产品出来之后不达标，但幸好只是生产了500多个的出厂样品出了问题。因为这次原料送达及时，可以用新原料补上，抓紧继续生产。然后小李第一时间向原料方又加订了货资，对方承诺第二天一早就能送来，这样就不会耽搁现在的生产进度，一切还是正常衔接上了。而且小李为了按时交货，将每天的计划生产量都提高了一些，这样也还是能够正常赶上进度的。但是经过这次意外的发生，小李也意识到了提前思考生产过程，准备充足并且有缜密的计划有多么重要。

很多人都很好奇，生活中为什么会有这么奇怪的现象：越不可能出错的地方越会出错；越想将事情做得尽善尽美，越会使得它变得更糟；害怕事情出错儿什么也不做，即便如此，也还是会出错……其实，这些奇怪现象，墨菲定律可以完全进行解释，即：假如事情可能会变坏，不管这种可能性有多小，它总是会发生。所以，在处理任何事时，我们要尽量想得周全一些，假如真的出现问题，甚至造成损失，就笑对一切吧，主要是需要从错误中吸取教训，不要欺骗自己。假如能做到这点，你就可以做到处事不惊了。

心理摆效应：学会控制自己的情绪

　　关于人的情绪，心理学家一般会将其分为正负两极，能够使人们兴奋的是正极，致使人们情绪低落的就是负极。他们提出的观点是，当人们的心理受到外界事物刺激的时候，人们的心理状态便会出现多层次性与两极分化的状况。大家应该都曾有过类似的体验：刚一听到自己被升职或加薪的消息时，简直兴奋不已，可是回家以后，心情平静下来，突然发现这也没什么值得高兴的，有的人甚至开始对未来的工作感到担心……这其实恰恰表明人的情绪会朝着两极摆动，即心理学上说的"心理摆效应"。心理摆效应指出，在一定情境下产生的心理活动过程中，付出的感情越多，产生的"心理坡度"就越大，因而极易转化成相反的情绪状态。也就是假如你此刻感到无比兴奋，那另一种反向的心理状态很有可能会在其他时刻难以避免地产生。

　　通过对心理摆效应的解释，我们可以知道，当人的情感在受到外界刺激时，就会出现多度性以及两极性的特征，并且每一种情感都会呈现不一样的等级，比如开心、比较开心和特别开心，而且还会有相对应的情感状态，如爱和恨、快乐和忧伤等，大家经常提到的因爱生恨、喜忧参半等，其实都是心理摆效应在作祟。因此在工作生活当中，我们必须学会控制情绪，管理好情绪，主导个人的情绪。

正极情绪激发潜能

关颖珊是花样滑冰的华裔运动员，素有"冰上玉蝴蝶"的称号。2002年冬季奥运会时，她自信满满地参加了比赛，她的目标只有一个，就是获得金牌。可是，也许是太想得到第一名了，在重压之下，她没有完全放松自己，以至于个别动作做得并非尽善尽美，因而后一场比赛之前，她的比赛成绩只排在第三名。在最终的自选项目里，带着这样的成绩比赛，她只有两个选择：一是稳妥，保住季军位置；二是冒险尝试自己从未尝试过的高难度，成功了就是冠军，失败了就名落孙山。

关颖珊最终选择了后者，因为她想要的是冠军，而第三名和名落孙山对她而言没有区别。正因为那是她从未尝试过的高难度，自己也没有十足的把握，反而让她把之前的心理压力完全抛开了，使之能够以一种无比轻松的心态继续接下来的比赛。在长曲项目中，她结合难度最高的三周跳，而且是连跳了两次，结果才使得她完成逆袭，最终取得了冠军。

可见，关颖珊将极度压抑的情绪释放后使之变成了极大的正极情绪，正是这一做法，将她往冠军的领奖台上推了一把，不得不说这就是正极情绪所激发出来的潜能。所以，任何时候，不管面对多大的压力，我们都要学会控制好情绪，使其有助于实现自己的目标。

负面情绪造就遗憾

在工作生活中，千万要调控好我们的情绪。负面情绪来时，我们宣泄释放，使之转变成正面情绪；正面情绪来了，我们要做的就是警惕乐极生悲。跳水运动员王克楠在一次奥运会比赛中，在比分遥遥领先、原本很兴奋的情况下，正是因为没有控制好情绪，最后饱受了负面情绪之苦，造成遗憾的产生。

2004年的雅典奥运会，男子双人3米跳板的决赛上，彭博和搭档王克楠的成绩始终处于第一名，在这种情况下，就算他们最后一跳出现了失误，他们依然可以夺得冠军。可偏偏在这种成绩极其乐观的情况下，王克楠最后一跳却从跳板上直接掉下来，摔进了水里。熊倪说，这种失误对于一名跳水运动员来说，是根本不可能发生的。就因为没有掌控好自己的情绪，王克楠乐极生悲，与冠军擦肩而过，也给自己的运动生涯留下了一丝遗憾。

由此可以得知，当人处于特别强烈的负面情绪里时，就会产生两种结局：一种是把负面情绪完全释放出来，通过心理摆效应，使压抑的情绪向正面情绪发展，激发潜能，创造奇迹，就像关颖珊那样；另一种是被负面情绪打败，最终留下遗憾，就像王克楠那样。所以，我们应该保持理智，对情绪进行积极的调控。在愉快兴奋的同时，尽量让自己保持冷静，不可得意忘形，从而造成不好的结果。当我们情绪十分低落的时候，就要尽可能远离相关刺激源，将自己的注意力转移到能让自己打起精神、平心静气的事情上。实践充分表明，只要控制好情绪，就可以主宰命运。

踢猫效应：如何避免被别人的情绪传染

在日常的工作生活中，大多数人受到批评后，最先做的并非冷静下来仔细想想，自己为什么受批评，而是心怀不满，只想找个人去倾倒自己的苦水。比如，一个人因为工作出现错误被老板批评了一顿，回到家后，他把顽皮的儿子臭骂一通。他的儿子心里不是滋味，就使劲踹了一脚身边的猫。猫吓得跑到大街上，这时恰巧有一辆卡车朝它开了过来，为了避让猫，司机却撞伤了路边的孩子。这一连串糟糕情绪的传播造成了恶性循环，最终导致了车祸的发生。这也就是心理学中的"踢猫效应"。

踢猫效应指的是，对比自己弱势的或者等级低的对象发泄不满情绪，从而产生的一种连锁反应。大多数时候，人的负面情绪会顺着等级高低或者强弱所组成的社会关系链条依次传递下去，从金字塔的顶端一直扩散至最底端，而那个没有地方以供发泄的最弱小的元素，最终就会变成受害者。这个效应告诉我们，一定要避免被别人的糟糕情绪传染，不然激发的矛盾会越来越大。

坏情绪传染引发恶性循环

为了重整公司事务，某企业老总首先做了表率，表示自己在以后会早到晚走。可惜事出突然，有一回他看报入了迷，导致忽略了时间，为了上班不迟到，他只好超速驾驶，结果被警察拦下来，开了罚单，最后终究还是迟到了。进到办公室里，这位老总感觉满肚子的愤怒无处宣泄，所以他把销售经理叫进办公室，劈头盖脸地训斥了一顿。挨完训后，销售经理气急败坏地从老总办公室里走出来，又把秘书训斥了一番。秘书平白无故被上司挑剔，肯定也憋了一肚子的火，她因此又去接线员那里找碴儿。接线员只得失魂落魄地回到家，最后又将自己的老公责骂了一番，老公呢，把自己不满的情绪发泄到了因一道题不会做的孩子的身上。

可见，在社会生活中，会产生各种不满的情绪和糟糕的心情。如果对这种糟糕的情绪处理不当，它们就会随着社会关系链条依次向外传递，由高能量级的人传向低能量级的人，由强者向弱者传递，最终最弱的那个人也就成了负面情绪的牺牲品。所以，为了避免坏情绪传染引发的恶性循环，你必须要好好掌控自己的情绪，尽量做到"不迁怒，不贰过"，既不做被踢者，也不做踢猫者。

合理释放，避免坏情绪传染

现代社会，生活与工作的压力越来越大，各行各业的竞争也越加激烈。这种紧张的气氛极易引发情绪的起伏，稍有一点不顺心，就会容易变得暴躁、易怒。假如没有对这种消极因素给自己带来的负面影响进行及时调整，很有可能会不由自主地成为"踢猫"的一员——被人"踢"或者去"踢"别人。

松下的所有分厂里都设有吸烟室，吸烟室里都摆放着像极了松下幸之助的人体模型，来这里的工人都可以用竹竿抽打人体模型，以此来发泄心中的愤懑。打够了，停手以后，人体模型的喇叭里就会传出松下幸之助的录音，这段录音是他给工人们写的一首诗："这不是幻觉，我们生在同一个国家，心心相通，手挽手，我们可以一起去寻求和平，让日本繁荣富强。做事可以有分歧，但请记住，我们心中只有一个目标，即民族和睦、强盛。从今天起，这绝不仅仅是幻觉！"这还不够，松下幸之助还说："厂主自己还需更加努力工作，要使每个职工感觉到：我们的厂长工作真辛苦，我们理应帮助他！"正是通过这种方式，使得松下的员工在工作中一直保持超高的热情。

上面的例子表明，员工有不满的情绪实属正常，关键问题在于，怎样创造条件让员工恰如其分地将情绪发泄出来，而不是把糟糕的情绪带到工作中。因此，无论什么时候，我们都应该寻求合理机会去发泄情绪，免受坏情绪的传染。

良好的情绪会使人萌发积极向上的心态，然后形成轻松平和的气氛，从而感染身边的每一个人，使得大家都有个愉悦的心情。而诸如烦忧、愤怒、压抑等消极情绪，则会造成苦恼、紧张甚至是充满敌意的氛围。而且类似的糟糕情绪还会直接影响你的家人、朋友和同事的心情，并造成一系列的连锁反应，如同扔进平整湖面的小石头，激起的涟漪一波波地扩散开来，最终便把糟糕情绪传染给了整个社会。

仍记得某位哲人说的话："你每发怒一分钟，就等于失去了六十秒的幸福。"尽管日常的工作生活中有很多事我们无力改变，但我们可以努力改变自己的情绪。选择快乐还是愤怒，都在我们的一念之间。要清楚，一份快乐，让人分享，就会变成两份快乐，一旦你把快乐分给别人，快乐便增值了。所以，我们应最大限度地带给别人快乐，以杜绝踢猫效应的上演，并防止糟糕情绪的传染。

卡瑞尔公式：坏的学会接受，好的要去追求

威利·卡瑞尔曾经作为一名工程师在纽约水牛钢铁公司工作。他到密苏里州去安装一台瓦斯清洁机。在一番努力之后，机器勉强能够运行了，然而，其质量远远没有达到公司曾经保证的。他对此十分懊恼，并且产生了挫败感，甚至后来无法入睡。再后来，他终于意识到，烦恼不是解决问题的办法。于是，他构思出一个行之有效的解决问题的方法，即卡瑞尔公式。

卡瑞尔公式的大致意思是，只有迫使自己面对最糟糕的情况，在心理上接受了它之后，才能让我们处在全神贯注解决问题的状态中。如果你烦恼缠身，你就可以用卡瑞尔公式，然后按照下面三点去做：想一下可能发生的最糟糕的情况是什么？然后接受这个最糟糕的情况，寻找办法改善这种最糟糕的情况。

由此可见，卡瑞尔公式给予我们的启示是，对于坏的要学会接受，想方设法去做出改变，而对于好的要努力去追求。

内因才是最大的动力

查姆斯担任销售经理的时候，某一天，公司出现了资金问题。公司的销售人员得知这一情况后，大家纷纷失去了工作的信心，人人忧心忡忡，整体业绩也就此开始下跌。

在此情况下，查姆斯决定先去改变工作人员的心情。他召集所有推销员召开大会。大家抱怨完后，查姆斯让一位黑人男孩给他擦鞋。

小男孩丝毫不慌，技巧熟练地擦着鞋子。查姆斯的这个举动让所有人大吃一惊，人们窃窃私语起来。查姆斯告诉所有推销员："这个孩子凭借他娴熟的技术，能在这里赚到很多钱，甚至每周还可以有点结余。但是，你们都知道他之前的那个擦鞋工，公司就算每周都给他补贴薪水，他仍然没法赚取足以维持生活的费用。两个人工作环境完全一样，都在同一家公司工作，都给同样的一群人擦鞋，但是有着截然不同的结果，大家想想这是为什么？"

听完查姆斯的话，推销员们终于意识到了他的用意：工作环境不变，顾客同样多，但是如今业绩不如以前，并非是因为外部环境发生了改变，而是因为自己不像以前那样充满激情了。发现问题之后，所有推销员表示不再担心工资问题了，他们重新回到岗位上，热情地工作起来。很快，公司的业绩有了回升。

在公司陷入困境的时候，查姆斯没有和别人一样只是忧心忡忡，而是接受现实，冷静地想办法，并且成功地解决了问题。可以说，他的做法成功地验证了卡瑞尔公式。

热爱是所有问题的答案

科比是NBA中非常优秀的得分后卫之一，各种得分方式他都擅长，进攻无人能挡，单场81分的个人得分纪录就充分证明了这点。除了得分能力外，科比的组织能力也很优秀，他总是担任球队进攻的首要发起人。此外，科比还是NBA整个联盟里优秀的防守人之一，贴身防守具有极强的压迫性。而他成功的秘诀只有一个，那就是：热爱。

有一次，记者问科比："你怎么会这么成功呢？"科比反问记者："你知道凌晨4点钟的洛杉矶是什么样子吗？"记者摇摇头："不知道，那你说一下洛杉矶每天凌晨4点是什么样子？"科比说："满天星辰，灯光寥落，行人极少。"说到这里，科比笑了笑，"究竟什么样子，我也不大清楚。但这并无大碍，你说呢？每天凌晨4点，洛杉矶仍然处在黑暗中，我就已经独自行走在洛杉矶街道上了。一天过去了，洛杉矶的黑暗丝毫没有改变；两天过去了，洛杉矶的黑暗依然没有丁点儿改变；十多年过去了，洛杉矶凌晨4点的黑暗还是没有改变，但我已经变成了肌肉强健、体能和力量都很充足、有着很高的投篮命中率的球员。"

科比被认为是NBA里最勤奋的球员，他比任何人都更能训练自己。当你看到他在晚上11点离开体育馆，第二天凌晨4点出现在训练场的时候，你就会明白科比是如何"训练"的。与超人比起来，科比更喜欢蝙蝠侠。他说："超人对我来说是个懦夫。因为他生来就是超人，而不是通过努力工作，他生来就具有这些能力。而蝙蝠侠是一个人，就像你我一样，通过努力工作，他得到了他所拥有的。他必须训练自己去改变。"

可见，就科比而言，为了追求能让自己变得更好的目标，他每日勤奋训练，所有的问题在热爱面前，都成了最好的答案。

生活中一些人面对问题和困境，不敢直面现实，一味地躲在虚幻的世界里承受着忧虑带来的巨大压力。而卡瑞尔公式告诉我们，与其抱残守缺，执着于过去，不如果断放弃，因为美梦破灭之后往往就是黎明！任何事情都是如此，只有敢于接受最坏的，才有能力追求更好的。

情绪惯性定律：别让情绪长期占据我们

情绪惯性，指的是人类的情绪受客观影响而变化，但情绪的变化滞后于客观的变化速度，导致情绪与客观不符。换句话说，情绪在任何情况下都能得到一定程度的保留。那么，情绪为什么会有"惯性"呢？因为我们一般体验到的情绪感受是情绪的主观面，而情绪的客观面是激素调节和神经活动的互动。"确认产生情绪的刺激因素是不实的"只是神经方面的确认，它会停止分泌更多的情绪激素；但是已经分泌的情绪激素在体内，要经历很长时间的新陈代谢，而残留的情绪激素会继续引起身体反应。

所以我们常说，时间无法抚平所有伤痛——即使能，也只是间接的。之前发生的一些事情，会对我们的情绪产生很长时间的影响，除非我们能够重新审视这些事情。重新体验和定义的结论恰恰减少了之前发生的某件事对自己情绪的影响。这就是为什么在没有更新和体验时，比如考试失败或者求爱被拒等状况，会在脑海中阴魂不散的原因。因此，我们要做的就是尽量不让坏情绪长期占据我们的大脑和生活。

情绪也有自己的惯性

话说有位妇人，家有两个儿子，大儿子是卖布鞋的，小儿子是卖雨伞的。晴天，她担心小儿子的雨伞卖不出去；雨天，她又担心大儿子的布鞋卖不出去。因此整天愁眉不展，没有一天好心情。

有一天，有人劝她说，你可以换个思路想呀。晴天，你就想着大儿子的布鞋卖得好；雨天，你就想着小儿子的雨伞生意好，不就天天好心情了吗？

确实是这样，道理很简单，可为什么这位妇人却偏偏要选择一种不快乐的思路呢？其实，她也不想这样的，只因为这位妇人的大脑已经习惯于"担心""忧虑"的思考方式，所以一时转不过弯了。

其实，生活中不仅这位老妇人的情绪存在惯性，我们每个人都有自己的情绪惯性，比如面对半杯水的时候，悲观的人会觉得，只有半杯水了，而乐观的人会觉得，还有半杯水呢。由此可见，生活中改变认识态度，学会积极的认知是改善情绪的一种有效方法。实际上，导致情绪好坏的原因并非事件本身，而在于人们对这件事的看法。对于同一事件的看法不同，这件事在他内心产生的影响自然也不同，同时就会相应地产生截然不同的情绪体验。因此，情绪的好与坏，关键要看平时我们所养成的情绪惯性。

负面情绪的积累可激发矛盾

38岁的丹妮丝，一直做着会计工作，她的丈夫兰迪是一位有名的建筑师。有一天，兰迪回家的时间比以往晚了一刻钟。等他走进家门的时候，丹妮丝显得有些冷淡。兰迪问："晚餐做好了吗？我都快饿坏了。"丹妮丝把饭菜猛地甩在桌子上，没好气地回答："这就是你的晚饭，烧煳了。"丈夫心想："她干吗这样冲我发火，我只是晚回家了一刻钟而已。即使我真的错了，她这样也太过火了。"兰迪起身破口大骂着，迈着大步出了家门。

假如兰迪理解丹妮丝，知道她并非故意把自己的烦恼倾倒在他身上，能理解当一个女人反应过度时，就意味着肯定是有一大堆糟心的事困扰着她，兰迪也就不会把丹妮丝的反应看作是对自己发泄情绪了。实际上，当他的妻子反应过度时，确实有一大堆糟心的事正困扰着她。当丹妮丝计算家中开支时，突然发现其中有两张支票没有入账。丹妮丝心想，肯定是经常健忘的兰迪造成的。此时，她最烦扰的事情是那两张支票，而非兰迪。这还只是她的第一个烦恼，暂且可以将它评级为二十度。可是半小时后，丹妮丝去厨房泡茶，发现自己的女儿凯瑟琳竟然忘了带午餐。现在，她有了新的压力：她是把午餐给凯瑟琳送去，还是让女儿饿肚子呢？这件事只可算是烦恼中十度的级别。因为先前她已经产生了二十度的烦恼，现在这个新的烦恼与之加在一起，就变成三十度的烦恼了。此过程叫作累积情绪负荷。这种情况不只会发生在做会计工作的女性身上，同时也可能发生在所有女性身上。对于压力反应来说，这确实是一个合理的解释，但是对于男人而言，似乎就变得不太理性和不太公平了。也正因如此，最终造成了丹妮丝夫妻间的矛盾。

其实，简单来说，情绪是人对客观事物产生的某种心理体验。可是由于每个人的思维模式或者说思维惯性不同，不一样的人对同一件事情也许会产生截然不同的感受。譬如下雨，有些人觉得那很美，朦朦胧胧、富含诗意；而有些人就觉得，下雨天全都是愁云惨雾，自己的心情突然就会变得糟糕起来，更严重的情况，还会因为出行受阻而变得心烦意乱，而这些都是不同人表现出来的一种主观情绪。值得我们注意的是，情绪能致病也能治病，好情绪是人体最有效用的灵丹妙药，坏情绪是侵蚀身心的毒药。所以，我们要懂得营造良好的情绪，同时避免坏情绪较长时间地侵扰我们的美好生活。

第四章

抉择人生：在对的方向做对的事情

洛克定律：人要有目标感才能做得更好

美国管理学家埃德温·洛克认为：有专一的目标，才有专注的行动力。因此，若要成功，就必须制定出一个明确的奋斗目标。但是奋斗目标并非是越不切实际越好。对所有人而言，在实现目标的过程中，唯独当所有步骤既有未来指向，又富含挑战性时，才会是最行之有效的。这在心理学上称为"洛克定律"。

大部分人都打过篮球，也清楚与踢足球相比，得分要更容易。你有想过其原因吗？其实与篮球架的高度有一定关系。要是篮球架有两层楼那么高，你就没那么容易得分了。若篮球架只有普通人那样的高度，进球倒是很简单，但你还愿意玩吗？正是因为篮球架的高度正好是有个人跳一跳就够得着，才使得打篮球风靡全世界。它充分表明，像这种"跳一跳，够得着"的目标最具有吸引力，人们最愿意以高度的热情去追求。所以，若要调动一个人的积极性，就应该设置一个类似"高度"的目标。因此，洛克定律，又被称为"篮球架"原理。

有了目标就有了动力

生物学家巴普洛夫生前，有人问他如何才能取得成功，巴普洛夫的回答是："要热诚，并且要慢慢来。"巴普洛夫解释道，"慢慢来"的含义有两层：做力所能及的事；做事时不断提高自己。意思就是，既要让人有体验到成功的机会，不至于因高不可攀而失望，但又不能让人毫不费力地轻易取得。

佛教经典《法华经·化城喻品》里的一则故事就特别能阐明这个道理。很久以前，一位法师带领一群人到远处寻宝。由于路途艰难险阻，他们晓行夜宿，非常辛苦。走到半途时，大家饥渴难耐，便议论开了，打起了退堂鼓。法师见众人都有此意，便略施法术，在险道上变出一座城市，说："大家看，前面就是一座大城！过了城不远，便是宝藏所在地啦。"众人发现眼前果真有座大城，就又重新鼓起劲头，继续前行。于是，在法师的诱导下，众人历尽艰险，终于寻到了珍宝，高兴而归。

短期目标助力长远目标

身为管理者也需要学会法师"化城"的理论，适当时给自己的员工"变"出一个看得见且跳一跳就能够得着的切实目标，以此来鼓励大家，引导大家共同走上新台阶。

记得有位朋友曾经讲起他在某公司担任经理的经历：刚一上任时，他接手的是一个烂摊子，企业连年赤字，员工士气全无。刚开始，这位朋友就出台了"小步快跑"政策：每个分支机构都要定一个可以完成的月度目标，然后全公司开展"月月赛"。一到月尾，他就给优胜机构亲自授奖旗，并同时下达下个月的任务。这样，所有员工的注意力都集中在了完成任务上，没人再去顾及公司的困境，也不再有人抱怨任务太重了。半年以后，全公司的业绩终于扭亏为盈。现在，这家公司已经成了全市范围内小有名气的先进企业了。可见，身处管理岗位，只有不停地给员工定一个像"篮球架"那样高的目标，使得所有人都能"跳一跳，够得着"，这样才能有良好的效果，并使得长远目标得以实现。

由此可见，只有目标合理，才能得心应手；合体合用，才能所向无敌。我们可以给自己制定一个高远的目标，但也要制定一个具体实施的步骤。切不可只想一步登天，而是多给自己设定几个篮球架子，一个一个地去战胜，长此以往就可以发现，你已经站在了成功的顶峰。因此，梦想要远大，但是设定一定要合理。使你始终保持工作热情的最佳办法，就是给自己制定一些"跳一跳，够得着"的阶段性的目标。

弗洛斯特法则：准确的定位才能快速崛起

在当前激烈的求职竞争中，我们首先要做的是自我定位，而且从长远角度来看，只有对我们个人有个清晰的认识，给自己设定一个明确的定位，才能有助于我们在人生道路上走得更稳、更远。说到定位，就肯定绕不开弗洛斯特法则。弗洛斯特法则的主要内容是：想要建一堵墙，先明确筑墙的范围，将真正属于自己的东西勾画进来，并将不属于自己的东西剔出去。由此可见，弗洛斯特法则给我们的重要启示就是，必须给自己一个准确的定位。

其实，关于定位的概念，最早是由美国营销专家里斯和特劳特于1969年提出的。他们的观念是，商品与品牌要在那些潜在的消费者心里占有一定位置，企业的经营才能算成功。随着定位的外延和拓展，大到国家、企业，小到个人、项目等，全都有定位的问题出现，因为定位的前期准备工作决定着事情的成与败。事实说明，只有定位准确，才能在做事时有的放矢，才能将所有资源发挥到极致，才能实现自我价值，从而使我们快速地崛起。

准确定位提升工作动力

所谓精准定位，就是要根据自身的优势给自己树立一个目标，以此来激发自信心和积极性，从而让自己最大限度地发展。有人说："根据自身优势去定位，是'从成功走向成功'的重要策略，所以它能短期见效，就像一辆汽车，它已经跑起来了，你只需稍微给它加油，它就会飞奔起来。"所以，一旦进行了准确的定位，将有助于个人提升工作的动力。

曾经听到过这样一个小故事：有个乞丐在商场门口卖铅笔，一位商人从他身边路过，往他的杯子里投了几枚硬币，然后就离去了。但是过了没多久，商人又返回来要铅笔，于是对乞丐说："抱歉，我忘了拿走我的铅笔，你知道的，你我都是商人。"几年之后，商人参加一个非常高级的酒会，并遇见了一位优雅端庄的先生，在向他敬酒致谢时，那位先生说，其实他就是曾经那个卖铅笔的乞丐。他的生活之所以能够改变，全得益于商人的那句"你我都是商人"。这则故事教会我们：当你将自己定位成一个乞丐，那你只能是一个乞丐；当你把自己定位成一个商人，那你就是一个商人。

通过事例可见，准确的定位能够赋予自身一股强大的激情和力量，从而提升工作的动力，实现人生的逆袭。

准确定位成就辉煌人生

漫画家蔡志忠曾说："大多数人在生活的跑道上都盲目地跟着别人跑。我觉得要紧的是先停下来，退到跑道边，先反省自己，弄清楚'我是谁，我能做什么？我怎么去做'？然后，按照自己的方式去跑。"确实是这样，武打巨星成龙之所以能成功，正是因为导演袁和平帮他重新正确定位的结果。

成龙最初总是扮演严肃的正面的英雄形象，拍了不少的片子，却没有走红。后来，导演袁和平经过分析，发现了成龙的优点和特点：成龙身手敏捷，特别是打败对手后的神情动作，非常适合扮演喜剧性的英雄人物。

从那以后，成龙在片子里一改往日的硬汉形象，而是以明朗、诙谐的面孔出场。经过这次重新定位后，成龙深受广大观众的喜爱，很快就一炮而红，成了大明星。

和影视巨星同样幸运的还有汽车大王福特，通过不断奋斗和努力，最终有了准确的定位，并收获了辉煌的人生。

福特小时候就开始帮父亲干活，在他12岁的时候，他就构思着，用可以在陆地上行走的机器来代替人力和牲口，而他的父亲及其他人都希望他能够在农场里做助手。如果他听从了安排，世上也就少了一位伟大的企业家，可是福特坚信，他一定能成为一名出色的机械师。他花了一年的时间，完成了机械师训练，而这项训练，其他人需要3年才能完成。随后，他又用2年的时间来研究蒸汽原理，以实现他的目标，可是终究没有取得成功；后来他又将重心转移到汽油机研究上，他每天都在梦想着自己能够制造出一辆汽车来。他的创意最后被大发明家爱迪生发现并予以赏识，于是邀请福特去底特律公司担任工程师一职。经过好多年的不懈努力，在他29

岁那年，他终于制造出了第一台汽车。现在的美国，几乎每个家庭都拥有平均一部以上的汽车，而底特律则是美国较大的工业城市之一，同时也是福特的财富之都。福特之所以能成功，主要归功于他对自己精确的定位，以及坚持不懈的努力。

　　人各式各样，定位也各不相同。不一样的定位可以使你成就不一样的人生。当你处于最适合自己的位置上时，才能最大限度地调动自己的积极性，发掘潜能，迅速崛起。那么，定位到底应该根据什么来呢？大致来说，正确的定位，应该根据一个人的特长、兴趣爱好、特点、优势、使命、能力等来确定。当然，如果一个人没有按照自己的实际情况制定准确的定位，结果也必定不会走很远。所以，一定要认真分析、思考，通过正确的定位，发掘最合适的角色，然后快速、准确地引爆你的人生。

瓦拉赫效应：找到自己的最佳出发点

当大智若愚者的特殊才能被正确发掘后，其智能潜力得到了充分发挥，心理学上将产生这种变化的现象称为"瓦拉赫效应"。

奥托·瓦拉赫是诺贝尔化学奖得主，他之所以能成功，主要是因为他的化学老师发现他的长处，并使其得以发挥，为他的人生重新做了定位。

在他开始上中学时，父母让他走上了文学之路，可是他的老师评价他是个过分拘泥的人，说他就算品德上佳，在文学上也不可能有所造诣。后来，他的父母又让他改学油画，但是问题在于，瓦拉赫并不擅长构图，更不懂润色，结果考试成绩倒数第一，被学校所有人称为"绘画方面不可造就之才"。

大多数老师在面对这样"笨拙"的学生时，都会认为这孩子没有希望出头了。可是他的化学老师却发现，他为人处世小心谨慎，适合做化学实验，于是建议他对自己进行重新定位，不如改学化学。于是，瓦拉赫的激情一下子被点燃了。一个被称为文学艺术方面的不可造就之才，瞬间变成了化学方面的优秀高才生，直至后来获得诺贝尔化学奖，被人们广泛称颂。

瓦拉赫的成功表明学生在智能的发展上都是不平均的，在智能发展上都会有强点和弱点的差别，他们只要找到自己的契合点，使自己的潜力得到充分的发挥，就能取得非同一般的成绩。人们将这种现象称作"瓦拉赫效应"。

心理学家加德纳称，人类的智能是多元化的，除了语言这种最基本的智能外，同时还有其他七种智能，分别是节奏智能、数理智能、空间智能、动觉智能、自省智能、交流智能和自然观察智能。我们每个人身上，都或多或少存在着所有这八种智能中的某几种，这就意味着每个人身上都具备着不同的潜力。这些潜力只有在适当的时候才会被发掘出来。

之前提到的瓦拉赫就具有不同凡响的多元智能，当我们用传统的智能理论去判断他时，他简直就是个智商低下的人，可是如果用加德纳的多元智能理论去分析他时，他并非低能者，不过是他的八种智能组合的方式与他人不同罢了。他的化学老师发现了这一差异，给他提供了有利于他在化学方面发展潜能的条件。

懂得扬长避短

兔子古利特与小猫罗西比赛爬山。小兔古利特的前腿短、后腿长，向山上爬是它的优势。两只小动物总共赛了三次，小猫罗西全都输了，它开始变得灰心丧气了，眼泪在眼眶里打圈儿。

古利特突然又说："不如我们换个项目吧，比赛爬树怎么样?"

罗西抹去泪水，说："行吧!"

罗西更擅长爬树，而且是顶尖高手，而古利特一点都不会爬树。这回又赛了三次，罗西三战全胜。

古利特祝贺罗西说："你爬得又快又稳，太厉害了!"

罗西羞怯地回答："每个人都有自己的长处和短处。我应该向你学习才是，你看到自己的长处不自满，看到别人的长处不泄气。"

对自己有一个理性客观的认知，可以激发自己潜在的特质。对自己有充足的认识，可以让自己有信心朝着既定的方向努力前进。成功的人生前提就是学会认识自己，深层次地认清楚自己，懂得扬长避短。

认清自己是更深层次的思考，知道自己最擅长做什么，认清自己的弊端所在。认清自己是为了趋利避害，是为了扫除前进路上的"枝枝杈杈"，是为了更深层次地完成自我认知。

从缺陷中发现长处

有一次，某个市射击队要到省里面参加汇报比赛。说是比赛，其实是为省队输送人才。所有参赛的射手赛完后，省队的主教练收集了所有的靶纸，仔细地端详着。他突然看见了一张特别有趣的靶纸，上面显示的成绩并不理想，弹孔大部分都偏离了靶心，可是教练注意到一个细节：所有的子弹几乎都朝同一个方向——右上方偏去。这就说明，这个选手的技术动作存在很大的问题，可是非常集中的着弹点同时说明这是一位极其稳定的射手。对于射击选手而言，稳定性是至关重要的。后来这位选手竟让人意想不到地进了省队，之后不久又被选拔进国家队，并为中国夺得了奥运会奖牌。

人人都存在缺陷，不过缺陷有时也会产生价值。发现自己的缺陷并不难，可是若想从缺陷中挖掘出自己的优势，我们就必须要充分地认识自己。

我们每个人身上都存在着不同的潜能，这些潜能会时不时表现出来。当表现出来的时候，就要靠人们及时地捕捉它，并不断地予以挖掘和开发，因为这些闪光点稍纵即逝。所以，正确地认知自我，积极发现自己的闪光点是至关重要的。当然，发现后还需要制造条件使其激发更大的潜能。

布利斯定理：越有计划的人越不容易犯错

美国的行为科学家艾得·布利斯提出：如果为一次工作事前计划花费较多的时间，那么做这项工作所需要的总时间便会减少。这就是著名的"布利斯定理"。

几位心理学家曾经做过这样的实验:把一些学生分成三组，对他们进行不同方式的投篮技巧训练。第一组学生每天练习实际投篮，总共进行20天，然后把第1天和第20天的成绩记录下来。第二组学生同时也记录下第1天和第20天的成绩，但是在此期间不让他们做任何练习。第三组学生记录下第1天的成绩，然后每天花费20分钟来做他们想象中的投篮训练；如果投篮没有命中，他们就在想象中做相应的纠正。最终实验结果表明：第二组学生的成绩丝毫没有长进；而第一组学生命中率增加了24%；第三组学生的命中率增加了26%。所以，心理学家得出这样的结论：行动前要进行头脑热身。

以上实验所强调的就是"布利斯定律"。这个定律告诉我们，我们做任何事之前都要先制订计划，假如未做好事前计划，当我们执行的时候就会变得慌乱不堪，反而把时间浪费掉了。事实证明，制订一个好的计划是我们走向成功的第一步，假如事前拟订好了计划，将行动的步骤梳理顺畅，那么我们做起事来才能游刃有余。

磨刀不误砍柴工

俗话说得好，"磨刀不误砍柴工"。这句话的表面意思是，当刀很钝的时候，就会严重影响工作的效率。假如我们在砍柴之前能够多花些时间，把刀磨得锋利一点，那么砍柴的效率就会得到大大的提高。意思就是，假如要做好一件事，我们不一定要立刻动手，可以先进行一系列的筹划，再进行可行性的论证和步骤安排，准备充分之后再去实施行动，就可以提高办事的效率。

乔·吉拉德，曾经被人们称作是伟大的"销售之王"。可是，当他刚刚接触销售行业的时候，他发现自己的组织能力极差。他一个月总共打出了2000多个电话，每个星期平均要打500多个。就这样，随着记录的事情日渐增多，日常工作也变得杂乱起来。所以，他迫切需要寻求一个能让自己工作得井然有序的好方法，但并未成功。后来他意识到，若要提高工作效率，就需要花费足够多的时间去做"磨刀"这件事。

这里说的"磨刀"，即事先制订计划。他把所打过的电话号码全部记在一张卡片上，这样下来，每星期都有四五十张。然后，他根据卡片上的内容组织下一次的话题，列出一张日程表，做好周一到周五的工作安排，当然也包括每天要完成的事项。做这项工作要花费四五个小时，整个过程既枯燥又琐碎，而且半天的时间就这样过去了。因此，一开始的时候他总是半途而废，可是坚持一段时间后，他便觉得这样做有显著的成效，而且自己从中受益匪浅，做事效率不仅提高了不少，在整个过程中还能将每项事务全部清晰地记在脑海里，因而行动起来就更顺风顺水了。

可见，做事之前要先"磨刀"的重要性。很多人之所以失败，很重要的一个原因就是没有养成先思后行的习惯，做事毫无章法，无从下手，自然会方寸大乱，得不到预期的结果。如果将要做之事的每个细节都思虑周全，厘清思路，然后把它深深铭刻在脑海中，行动的时候自然就会事半功倍。

凡事预则立，不预则废

"凡事预则立，不预则废。"不管做什么事情，我们都需要提前做好准备，只有这样才能达到预期。假如总是想着"临场发挥"，则极有可能发生现场"抓瞎"的状况。

约翰·戈达德15岁时，就列了一张清单，将自己未来要做的事情记录了下来，这张清单被称为"生命清单"。他在清单中给自己明确了要攻克的127个具体计划，比如读完莎士比亚的著作、探索尼罗河、攀登喜马拉雅山、写一本书等。44年间，为了实现目标，戈达德曾18次死里逃生。在与生命的艰苦抗争中，他以超凡的毅力和莫大的勇气，最终实现了其中的106个计划，然后成了知名的电影制片人、作家和演说家，并得到了许多令人艳羡的荣誉。戈达德的故事之所以让人感动，不只因为他创造了许多非凡的奇迹，参与了许多公益活动，更因为他坚韧不拔的奋斗精神、热爱生活的人生态度，以及由"生命清单"造就的高质量的人生。

人生规划是一张时间表，它既能够帮助我们实现终生目标，也能够帮助我们实现平凡生活中的各种小目标。就像高尔基所说的："不清楚明天做什么的人是不幸的。"我们拒绝成为这种不幸的人，因而对自己的工作、学习，甚至是人生，都应该拟订一套行之有效的计划。不仅如此，我们每天、每月、每年都要有自己的计划，这样下来就变成了一生的计划。

一旦有了人生的目标，我们就可以朝着它一直坚持不懈地奋斗下去。只有这样，我们才会离自己的目标越来越近，最终便能取得成功。对于常人而言，列一份"清单"并不难，困难的是真正取得成就，这就需要付出很大的代价了。所以，每个想要成功的人，最急需的不单单是拟订一份"生命清单"，更要紧的是按照拟订的计划，坚持不懈地努力下去，最终取得成功。

一个制订计划的人目标是明确的，他的计划也是切实而详细的。事前要有明确的目标和详细的计划，这样更能帮助我们科学地分析自己的设想，得知我们的设想能否实现。与此同时，做计划的过程也是梳理我们实现设想的思路与方法的过程，这样既可以大大地节省时间，又可以减轻自己的压力。因此，在漫长的人生之路上，我们走的每一步都要有计划，而且这个计划必须从实际出发。

目标置换效应：既要有小目标也要有大目标

美国管理学家约翰·卡那提出的"目标置换效应"。其内容是，在达成目标的过程中，对于如何完成目标的关切，致使渐渐地让方法、技巧、程序等问题占据了一个人的心思，反而忘记了对整个目标的追求。换言之，就是"工作完成了没有"逐渐被"工作如何完成"代替了。

在现实生活中，人们也常常出现这样的情况，原本是以一件事为核心目的去做的，但在实际执行的过程当中，却发现自己在不经意间已经有了新的目标，而偏离了最初的核心目的，这就是属于常见的"目标置换效应"。

不要在执行的过程中失去初衷

"目标置换"是在实现目标的过程中产生的一种"偏差"行为和"错位"现象，如果不及时发现并予以矫正，必将影响目标的实现。

"一战"之后，许多美国人精神上极度空虚，没有勇气去正视历史了。那时候，指间夹着香烟，表情略显沮丧，成了许多美国年轻人的真实写照。尤其雪茄，更是成了这些年轻人的最爱。许多商家从中嗅到了商机，于是纷纷进入香烟市场。当然，菲利普·莫里斯烟草公司更是想要从中分一杯羹，他们开始推广自己的香烟品牌——万宝路。

公司成立初期，万宝路被定性为女士香烟，所以在推广这一品牌的时候，广告上的画面是一个妖娆美丽的女郎，正悠闲自在地吞云吐雾。公司上下都以为这样的广告宣传一定能广揽顾客。但是事与愿违，即使那时候美国的吸烟人数年年都在增长，可万宝路香烟的销量却总是差强人意。某些高层错以为，真正影响销量的因素是香烟的颜色，因为女士都喜欢涂口红，当她们抽烟的时候，口红染在白色的香烟上，会给人一种极不雅观的感觉。所以公司决定把万宝路的烟嘴换成红色，但是销量仍然没有任何提升。

公司所有管理层为这事伤透了脑筋，他们开始讨论万宝路的销量为什么不见提升这个问题。是质量出了问题？当然不是，从原料到加工，万宝路都在追求精致，质量上不可能出现问题。是广告宣传的力度不够？更不是，从公司成立到现在，已经花费了巨额的费用用于广告宣传。

难道是因为价格问题？依然不是。在保证质量的前提下，公司尽量压低香烟的价格，使得它的价格能够被绝大多数消费者接受。公司上下都在费尽心机地研究这个问题，却始终没法找到其真正原因。在多年漫长的摸索和探究中，公司与营销策划大师李奥·贝纳结识了，并请他策划了一套切实可行的方案，来提高万宝路香烟的销量。

李奥·贝纳对香烟市场进行了深入调查和再三思考，他认为，想要提高万宝路香烟的销量，必须对万宝路进行一次"变性手术"。李奥·贝纳最后提到：公司需要对万宝路香烟进行重新定位，要把原来定性的女士香烟改为男士香烟。公司听了他的意见，不仅从香烟内在成分上做了改变，并且从外在形象上彻底改变了万宝路给人的印象：以阳刚之气代替优雅的女性形象。经过一番精心的改造，上市不久，万宝路香烟就收获了众多粉丝。短短一年时间内，万宝路就从一个不知名的香烟品牌，一举成为美国香烟销量前十的大品牌。

人的需要决定了人们行动的目标。目标是本质，无论我们做什么事情，都需要以目标为中心。人的需要就是"行动的承诺"，它有利于事情发展的推进；与此同时，它还是"行为标准"，用以权衡行动的成就。唯有将我们的注意力集中在目标上，最终才能达成所愿。

不仅要设定终极总目标，还要设定几个阶段的分目标。总目标是分目标的标尺，各个分目标要主动并时常向总目标检查一下自我标准，这样才能避免出现"目标置换"。人们有意识地明确行动目标的时候，并且可以在执行过程中对照行动和目标之间是否发生偏差，当人们发现自己与目标之间的距离越来越近时，行动的积极性自然会持续提高，最终也就自然而然达成了目标。

第五章

充分准备：让自己的内心做好准备

依赖心理：永远不要把幸福寄托在别人身上

依赖心理描述的情况大致是：由于处于无法选择的关系里，因而被迫去做一些违心的事情，虽然个体本人也极其讨厌这种被逼行事的情况。人际关系如果是健康与平等的，那么它就具有选择性。

实际上，当一个人心理上存在依赖性的时候，自然不会进行选择，因此就不会产生怨恨，感知疼痛。假如你意识到自己需要并且离不开别人的时候，那你就成了一个软弱的人。古往今来，有无数的人因为缺乏独立性，将自身的成败与得失寄托于他物，把幸福寄托于他人的成败上，才导致自己最终毫无成就，甚至失去自我的结局。

要相信自己的意志

春秋战国时期，一对父子一起上战场打仗。几年之后，父亲早已成了将军，而他的儿子仍然是个马前卒。

　　一天，号角再次吹响，父亲托起一个箭囊，上面插着一支箭，他对儿子说："这是支家传宝箭，佩在身上，可以助你英勇杀敌，但千万不要把宝箭抽出来。"儿子不由得高兴起来。果然，儿子佩戴宝箭出征，英勇杀敌，所向无敌。鸣金收兵时，儿子再也难以抑制胜利的喜悦和自豪，竟彻底忘记了父亲的忠告，最后还是拔出了宝箭。可是宝箭拔出的一瞬间，他呆住了，那只是一支断箭而已。

　　原来，箭囊里一直装着一支断箭。"我竟然是挎着一支断箭在打仗！"得知真相后，儿子吓出一身冷汗来，自己赖以生存的信仰瞬间不在了，意志也随之坍塌。最终，儿子惨死在乱箭之下。儿子死后，父亲捡起断箭，沉重地说："不相信自己的意志，永远也做不成将军！"

　　在这则故事里，儿子过多地把胜败寄托在一支宝箭上，愚蠢至极。当你把命运寄托在别人身上时，也就相当于失去了自我。如此又如何能做大事呢？你要清楚，你自己就是那支"宝箭"，如果想变得锋利、百发百中，你就必须先经受一番磨炼，唯有这样，紧要关头才能自保。

要学会独立自主

　　小艾和文文是大学同学，关系十分要好。毕业季之前，为了能早早定下毕业后的去处，小艾和大家一样，都在通过各种渠道找工作实习，不停地碰壁，又不停地继续。而文文则不慌不忙，依然每天打扮得美美的去约会。

　　有一次，小艾问文文："你怎么不着急找工作呢？"小艾回答："找工作不重要，找老公才重要。我最大的幸福就是能嫁一个好老公。"

　　如文文所愿，毕业之后她就随便找了一家公司上班，但却在十分认真地谈恋爱。半年之后，她果断辞职结婚，成了一名全职主妇。婚后文文也算过得顺风顺水，每天就是购物逛街。毕业之后的一年，大家都被出入社会折磨得焦头烂额，聊天的主题也都是工作的一些感受。没有工作的文文也就慢慢地淡出了大家的视线，只是偶尔在朋友圈晒晒她又买了个包包，又去哪里旅行了。

　　而小艾毕业后在职场认真工作，业余时间也为自己充电，职位一步步提升，现在已经管理着一个不小的团队，也拥有了自己的家庭。小艾不论是在职场还是在家庭中，都一直过得很精致，做自己想做的事情，健身、插花、画画，所有想学的都会去学一遍。

　　三年之后的一天，小艾和文文在商场里偶然遇见，见到老同学互相都很兴奋。"过得还好吗？"她们不约而同地开口问道。之后小艾了解到文文半年前发现老公出轨，离了婚。文文笑着说："我以前一直都以为找一个好老公就能一辈子幸福了，婚后也一直以他为中心，很怕这幸福会突然消失。很久之后才发现是我错了，我不该把幸福寄托在他人的身上。"离婚后的文文学会了独立自主地生活，又重新开始找工作，利用闲暇时间来学习、考证，现在已经在一家不错的公司工作。

　　其实，幸福从来都不是从别人那里获取的，不必依附于任何人，只有学会独立自主，用自己的双手争取的幸福才能长远。美国心理学家M·斯科特·派克认为，如果一个人把自己的幸福寄托在别人身上，那他无疑是一个赖皮。这种关系，毫无自由，只有依附。而且，只要这种"寄生"关系一结束，这个人就没法独自站立了。

依赖于别人所得到的幸福，永远不会真正属于自己。没有人能代替你幸福，也没有人能为你的幸福买单，只有坚定自己的意志、学会独立自主，自给自足的幸福才是恒久的。

詹森效应：解除自己的恐惧

詹森效应指的是平时表现良好，但由于压力过大、精神过度紧张，缺乏应有的心理素质，导致在正式比赛场合或关键时刻出现"掉链子"的现象。这个概念是由一个叫詹森的运动员提出的，平时训练时，他的成绩非常优秀，基础扎实，但是一站到赛场上，他却总会因为压力过大而发挥失常，让自己和他人失望。

詹森效应其实是人的一种浅层的心理疾病，是人在无意识中将现有的困境无限放大，从而产生心理异常的现象。这一现象与考试动机的强弱密切相关。其实竞技体育不单单是考验选手的身体素质，还考验选手的心理素质。一些运动员之所以没法在赛场上发挥出真实的水平，其实和他们对比赛结果过于看重有关。

克服恐惧，保持平常心

后羿是夏朝时期一位著名的神射手。他拥有一身百步穿杨的好本领。夏王十分欣赏他。一天，夏王打算把后羿召入宫，让他表演精湛的射术。夏王差人将后羿带到御花园，吩咐属下拿来一块一尺见方、靶心直径大约一寸的兽皮箭靶。夏王指着箭靶说："射中了，我就赏赐你黄金万镒；射不中，就削减你一千户的封地。"

后羿听到后，脸色大变。他走到离箭靶一百步的地方，抽出一支箭，把箭搭上弓弦，然后摆好姿势，拉弓开始瞄准。但是瞄了几次，他都没有把箭射出去。后来，后羿心一横松开了弦，箭钉在离靶心有几寸远的地方。后羿的脸色立刻变得惨白，再次弯弓搭箭，精神更加不集中，因此射出的箭偏得比刚才还离谱。最终，后羿收拾好弓箭，悻悻地走出了王宫。

夏王疑惑地问道："后羿平时都是百发百中，为什么今天却有失水准？"其中一位在旁边站着的大臣解释道："平时射箭，那只是练习，心态平稳，自然就能发挥正常水平。可是，今天射箭，却直接关系到他的切身利益，所以他做不到平心静气，因此就射不好了。"

如果一个人的进取心太强，对某个事物刻意追逐，目标就会像蝴蝶一样振翅飞远。而保持平常心，可以让人心绪宁静、处变不惊，在关键时刻往往更容易达成目标。如果在生活中无法让你保持一个"平常心"的状态，那你就积极参与所有竞争，去适应你所遇到的"压力"和"障碍"，在此过程中锻炼自己，提高自己的心理承受能力。

注重过程，淡化结果

某位学生家长向某报发来"求救"邮件：

"我的孩子马上要参加高考了。想起三年前他中考时的情景，我就开始担心起来。那时候，他在班级甚至全校，都是名列前茅，但他的心理素质很差。

这个缺点给他带来了严重的后果：中考时发挥失常，只考上了普通中学。那时，孩子没法面对现实，甚至很长时间都萎靡不振。

"现在，即使我的孩子在学校里表现很好，每年的'三好学生'都非他莫属。但假如心理素质差的毛病不改正，高考成绩恐怕还是不理想。真希望你们能帮我想想办法！"

其实，现实生活中存在很多类似的学生，平时刻苦学习，准备充分，然而一到大型的考试就紧张，然后就发挥不出实际水平来。其主要原因是，这些学生对考试的期望值太高了，但是对自己缺乏信心，害怕失败，结果使得这种期望所带来的压力给自己增加了负面的影响，最终考试成绩不尽如人意。

平时一些至关重要的"赛场"，其实就是一次高水平、高质量的比拼，不仅考验基本功底，还考验心理素质。有句话叫"狭路相逢勇者胜"，当我们面对类似竞技赛场或者考试的时候，一定要学会保持一颗平常心，不要陷入患得患失的错觉中，不要贪求成功，只要能发挥出自己的正常水平，终将取得一个令自己满意的成绩。

杜根定律：信心是决定成败的关键

　　心理学上的"杜根定律"是美国橄榄球联合会前主席杜根提出的，他曾经提出："强者未必是胜利者，而胜利迟早都属于有信心的人。"换言之，只要你足够自信，你只接受最好的，那你最终获得的往往也会是最好的。一个人胜任一件事，85%取决于态度，15%取决于智力，所以一个人的成败取决于他是否自信，假如这个人是自卑的，那自卑就会扼杀他的聪明才智，消磨他的意志。

　　杜根定律源于下面这个故事：某人时常出远门，虽然拿到车票，但总也没办法对号入座。可是不管路途长短，不管车上是否拥挤，他却总能找到座位。其实他的办法特别简单，就是一节节车厢找下去。可能此人采用的办法听上去并不怎么高明，但总能奏效。他每次都准备从第一节车厢找到最后一节车厢，但是他每次都是走到中途就能找到空座位。

　　他说，他之所以能找到空座位，是因为其他乘客都不能像他一样锲而不舍地找下去，大部分人都拥挤在前几节车厢过道或接头处，许多乘客都被前几节车厢拥挤的表象迷惑了，有时甚至出现水泄不通的情况。那些不愿意积极主动地寻找座位的人，大部分都只能在刚一开始落脚的地方一直站到自己下车。

拥有自信，等于成功了一半

任何人要想获取成功，自信都是一个不可缺少的条件。

里根曾经只是一名演员，但他立志要当一位总统。从22岁到54岁，里根从一个电台播音员，再到电影明星，三十几年的岁月里，一直投身在文艺事业里，因此对从政一无所知。这个现实几乎成了里根涉足政坛的一大障碍。可是当共和党内保守派与一些富豪怂恿里根竞选加州州长时，他毅然做出决定，从此放弃了大半生赖以生存的文艺事业，跨足人生新领域。

里根入主白宫之前，他曾和自己的竞争对手卡特举行了一次近一小时的电视辩论。在摄像机面前，里根满怀自信，发挥出色，凭着他做演员的经验，全程都占了上风，竟让有过从政经历的卡特败下阵来。

通过里根的经历，我们明白了：信心决定成败，自信才是取得成功的必不可少的前提条件。

勤于实践，是成功的另一半

联邦快递公司是一家世界性的跨国公司，几乎是家喻户晓。其创始人弗雷德·史密斯，在耶鲁大学就读时，就已经产生了航空货运的理念。之后，史密斯把这个想法写进了经济学课程的期末论文里。

可是，当他信心满满地等待教授的称赞时，教授却只给他的论文评了"C"，教授还对他说："你提出的理念很新颖，可是，假如你想让自己的成绩高于C的话，那你就别写这种没法实现的事情了。"

这个结果确实让人大失所望。但是史密斯对自己的理念一刻也不曾产生过质疑。他决定用实际行动来证明这个理念。最终，史密斯成功地募集到了高额的贷款与证券投资，以此来支撑自己的创业之路。

但是史密斯缺乏经验，初期规划也有问题，因此在前几年的经营中，他遭受到了巨大的损失。然而史密斯并没有气馁，他不断进行实践，终于在1975年年末实现了近2万美元的盈利。现如今，联邦快递公司变成了一个估值超70亿美元的大型跨国企业。

"实践是检验真理的唯一标准。"正是因为史密斯始终保持着坚持不懈的态度，坚决实践自己的观念，才能让别人不看好的想法最终得以实现。如果空有想法和信心，却不能进行实践，那所有的理念都只是"纸上谈兵"，只有勤于实践，才有可能让理念成真。

一个人想要获得成功，就必须相信自己能够成功，并且愿意为成功付出实际行动。自信是成功的源泉，它能让你对自己从事的事业信心十足，会让你的理想和希望变成奋进的动力和激情；而勤于实践能让自己的理念最终成为现实，在实践的过程中，不仅能够检验理念的正确与否，还能不断地加以完善，从中得到更多的启发。

杜利奥定理：点燃你的工作热情

美国自然科学家、作家杜利奥说：失去热忱是最让人觉得垂垂老矣的事了。如果精神状态不佳，那么所有一切都将处在不佳的状态。这个观点后来被人称为"杜利奥定理"。

杜利奥定理主要表达的是关于"心态"的问题。几乎所有成功人士的统一标志，就是具有积极、热情的心态。假如一个人能够做到积极乐观地面对人生，积极乐观地接受新的挑战、应对麻烦事，那么这个人就已经在成功的路上了。

保持积极乐观的心态

一个人的心态不同，对他自己的内心世界所产生的影响也截然不同，而且还会在事业和人生上左右他的成败。

麦特·毕昂迪是美国著名的游泳运动员，于1988年参加奥运会，被认为是最有希望第二位夺得游泳项目七项金牌的选手。但他在第一项200米自由式游泳的比赛中竟然只取得了第三名，而第二项100

米蝶泳的比赛中，他原本处于领先，但是到最后一米时，却被第二名反超了。

大部分人都在担心：接连两次失金，恐怕会对毕昂迪在下面几场比赛中的表现产生影响。然而让人意想不到的是，毕昂迪在后面的五项游泳比赛中竟然连续夺冠。对于此种情况，宾州大学的心理学教授马丁·沙里曼认为这事在情理之中。沙里曼在同年的早些时候，曾对毕昂迪的乐观影响做过一项实验，实验方式是，在完成一次游泳表演之后，毕昂迪的表现十分出色，但是沙里曼教练却告诉他，他的成绩很糟糕，让他休息一会儿再游一次，结果他的成绩更出色了。而其他参与这一实验的运动员的成绩却变差了。

事实上，毕昂迪并没有比别人多出众的天赋，他之所以能在游泳比赛中连续夺冠，其实是因为他拥有一颗无比坚定的心，而且他的心态非常乐观。即使在之前的比赛中错失了冠军，也没有影响他在后面比赛中的发挥。这绝对是毕昂迪的过人之处。

通过这个实验，我们可以得出下面的结论：在面临挫折时，保持乐观的人仍然坚信形势会有所好转。而对于陷入困境中的人而言，乐观能使他们重拾信心、不再沮丧。乐观和自信能够起到相同的作用，使我们的人生在前行的路上更顺畅。乐观的人不认为失败是不可逆的，反而更容易扭转局面。

对生活或工作充满热情

作家拉尔夫·爱默生曾经说过："人假如缺乏热情，就不可能有所建树。"热情就像强力胶一样，能让你在困境中保持高度集中，并且坚持到底。当其他人对你说"不行"时，你的内心深处就会发出一个坚定的声音，告诉你自己"我行的"。麦当劳的创始人克罗克的故事，就强有力地证明了这一点。

克罗克刚出生的时候，向西部淘金的运动便结束了，他因此与这个本可以赚大钱的时代失之交臂。当他高中毕业的时候，美国又迎来了1931年的经济大萧条。他只好接受穷困潦倒的现实，选择辍学，搞起了房地产。可是房地产生意刚见回暖的时候，又爆发了第二次世界大战。人们疲于奔命，怎么还会有心思考虑买房的事情呢。于是，房价一路直跌，克罗克又是空欢喜一场。自此以后，他又从事了很多职业，但一切似乎都没有想象中那么顺利。

即便如此，克罗克仍是热情不减。1955年，在外闯荡了大半生的他两手空空地回了老家。卖掉家里留下的一份小产业后，克罗克又开始做起生意来。此时，克罗克发现迪克·麦当劳和迈克·麦当劳共同开办的汽车餐厅生意火爆。经过一番实地考察后，他确定这个行业大有前途，于是产生了浓厚的兴趣。当时，他已经是五十出头的年纪了，对于多数人而言，这已经是即将退休的岁数了，可他却决定从零开始，先从到这家餐厅打工学做汉堡包开始。那之后，他不假思索地借了270万美元，并将麦当劳兄弟的餐厅买了下来。经过几十年的细心经营，麦当劳现已成了以汉堡包为主食的全球最大的快餐公司，并在国内外开设了7万多家连锁分店，麦当劳的年销售额高达200亿美元。因此，克罗克也被称为

"汉堡包王"。

生活磨难重重，关键要看我们以怎样的心态去对待它。正是因为克罗克有一个热情而且乐观的心态，才能让他的命运变得如此的绚烂多彩。

杜利奥定理所讲的其实是一种态度，一种对工作生活都要充满热情的态度。热情且乐观的心态会让你自信满满，更容易获得财富、成功和幸福，更容易登上人生之巅。然而，消极的心态则会让你生活在阴郁的时空里，使你对未来总是不抱希望。请记住，往往是那些积极乐观的人，无论对工作还是对生活都充满热情的人，更容易踏上成功之路。

淬火效应：骄傲的时候适当泼点冷水

淬火效应本来指的是，对金属工件进行加热，到一定温度后，将其浸入冷却剂（油、水等）中，再经过一番冷却处理，金属工件的性能变得更好、更稳定。心理学把这种效应定义为"淬火效应"。当然，在日常的工作生活中，往往也会出现与此相似的现象，而这种现象就被人们称为"冷处理"。

"冷处理"，即当矛盾发生后不急于马上处理，而是暂且先放一放，待降降温再行处理。在日常的工作生活当中，人们常常会用"冷处理"的方法来处理棘手的事情，尤其是在化解双方冲突之时。事实表明，大多数时候这种办法是很有成效的。

骄傲得意之时，适当泼冷水

在教育学中，淬火效应的含义可以理解为，经常出现长期受表扬头脑有些发热的学生，这时我们不如设置一些小的障碍，并施以

"挫折教育"，经过多次锻炼之后，这类学生的心理就会变得更加成熟，其心理承受能力也会变得更强。

在对班集体的管理过程中，存在一些情况特殊的学生，或是在特殊时期，或是特殊事件上，我们不妨试着换一种思路，运用"冷处理"的方法，也许就会呈现出绝佳的效果。

小谢是张老师的班上成绩优异的学生。但他除了学习上进心较强、成绩不错之外，其他表现都不理想，特别是"三自"问题尤为严重：自理能力差、自我中心倾向严重、自私自利。

张老师了解到，小谢是因为从小被家长过分溺爱，才导致性格十分倔强，而且特别任性。

有一次，学生告状说小谢每天带饮料来校，在学生中搞特殊化——当时为了控制学生零食，规定不允许带饮料进教室，一律喝学校免费提供的纯净水。张老师找到小谢，问他违反班规自带饮料的原因时，他歪着脑袋大声回答："我就是不爱喝纯净水，我在家从来就是渴了喝饮料！我父母从来不逼我喝纯净水的，那我为什么要喝学校的纯净水！"说得怒气冲冲、理直气壮。于是，当班里大扫除的时候，张老师对他说："大扫除是班级集体劳动，你可以选择干，也可以选择自由活动，因为你是不需要遵守集体规矩的！"说最后一句的时候，特意加大了嗓门儿，让大家都听见。然后，教室里热火朝天地干起来了，学生们有说有笑，干得很起劲，谁也没有理睬他。张老师一边巡视指导打扫情况，一边特意大声地表扬：某某扫得又快又好；某某劳动得法，是个"劳动小能手"；某某乐于助人，干完了自己的还帮别人干；某某一人担了两个岗位，还都是最累的活儿，是爱集体爱劳动的表现……

小谢看到大家都自顾自劳动着，没人愿意理他，便乖乖地从书桌里拿出抹布擦起教室门来了。张老师对他说："大扫除是集体活动，你既然参与了，那是不是就承认自己是属于集体中的一员呢？"他点点头。张老师说："你既然承认自己是集体的一员，那集体的规矩要不要遵守？"小谢又点点头，表示不会再喝饮料了，说话的时候脸上已经没有之前的傲气和怒气了。于是张老师跟他讲解了喝饮料的各种弊端以及喝白开水的种种好处，顺势进行了集体主义纪律教育，还引导他如何正确管理自己的情绪。

经过张老师"冷处理"方法教育之后，小谢心悦诚服地接受了班级各方面纪律规定，并且态度良好，不再任性妄为了。

在生活中，当人们的处境或境遇太过顺利的时候，往往容易感到骄傲和得意，这个时候就需要别人给他"泼点冷水"，令其处事更趋成熟。

矛盾焦灼之时，不妨降降温

一对从高中便相识的情侣到民政局登记结婚，两人穿着情侣衫，恩爱极了，引起不少人的羡慕。然而第二天，这对刚刚合法的夫妻便吵吵嚷嚷地再次来到民政局，表示自己一定要离婚，两人恶语相向、怒气冲冲。昨天刚为他们办手续的工作人员看了看两人，无可奈何地说："打印机坏了，离婚手续今天办理不了，你们明天再过来吧。"结果，小两口从此再没来过。其实打印机坏了这件事，只是婚姻登记员的一个缓兵之计，或者说是一种善意的谎言，其目的是让他们给彼此一点时间，冷静面对问题。

生活中冲动离婚的例子并不少见，很多夫妻仅仅因为一次吵架，就到民政局办了离婚，第二天冷静下来又捶胸顿足、后悔不迭。然而，有时候嫌隙一旦产生便一辈子无法抹去，不是每块破镜都能重圆，不是每对夫妻冲动离婚后都能复婚。民政局的工作人员之所以说了"善意的谎"，其实就是为了给他们一个缓冲期，让他们彼此冷静下来，认真考虑之后再决定，不要冲动之下任性为之。

其实很多夫妻通过一夜的冷静之后，双方都能想通，他们的内心并不舍得离婚。这时候用"冷处理"的方法来面对，往往是最合适的。"人在愤怒的那一瞬间智商为0，一分钟之后又能正常运行"，所以，遇事不要头脑发热，给自己和他人一个"冷处理"的时间。

"冷处理"是一种谋略，更是一种智慧，它可以有效地缓和矛盾，避免人们做出一些出格的举动。当发生突发状况或者闹矛盾时，不妨把它放在一旁晾一晾，待冷静下来后再去处理问题，给对方思考的时间，也给自己一个回旋的空间。

第六章

快人一步：行动起来获得先机

快鱼法则：在最后时刻谁快谁胜出

美国著名的思科公司总裁约翰·钱伯斯曾用"快鱼吃慢鱼"来形容新经济的整体规律，即"快鱼法则"。

由于市场经济存在的竞争整体都呈现出了一种愈演愈烈的趋势，因而速度成为决定性因素之一，决定着市场的成与败。

"快"强调的是速度

有这样一则故事：两个人因天色已晚便在树林里过夜，到了第二天清晨正要打算离开的时候，突然有一头大黑熊冲了出来，受到惊吓的二人在准备逃跑之际，其中一个人在慌忙中穿上了鞋子。这时另一人则表示说，就算你穿上鞋子，也不会比熊跑得快，这时穿鞋的那人便说，跑不过熊倒是无所谓，只要跑得比你快就可以了。可想而知，那个跑得慢的人，最终会被那头熊当作"美食"一样吞掉。

其实不仅仅是故事中，就连在现实生活中，也会存在这样极为残酷、激烈的竞争。在一望无际的非洲大草原上，每当太阳升起，总会看到那些不停奔跑着的动物的身影，不论是羚羊还是狮子，因为它们知道，要想存活下来、不被饿死，那就必须时刻保持加速奔跑的状态，否则只能无情地面临优胜劣汰，不是被吃掉就是被饿死的局面。

特别是在进行市场战略的过程中，时间比其他的因素更具有一定的紧迫性和实效性，想要赢得最终的胜利，那么就应该及时把握第一时间做到抢占先机，因为速度的快慢会成为竞争取胜的一个关键所在。加拿大将枫叶旗正式定为自己国家国旗的第三天，善于把握机会的日本厂商就牢牢抓住这一难得的机会，在第一时间让厂商赶制出来众多枫叶小国旗及带有枫叶标志的玩具，使其大批量地出现在了加拿大的市场中，并且刚销售就获得了非常可观的销售量。

由此可见，速度已经毫无疑问地成为市场竞争过程中不可或缺的一个关键所在。想要在市场中脱颖而出、独树一帜，那就必须讲求一定的速度诀窍，对于市场中出现的变化能够及时做出具体的应对策略，最终在激烈的市场中占有一席牢固之地。

"快"的同时，还应"准"

所谓的"快鱼吃慢鱼"，具体指的是在追求速度"快"的同时，更应该追求质量"准"，这样最终才能使结果变得快速而有一定的效率。

一般来说，企业间所发生的兼并收购往往被比喻为一种"吃鱼"的现象。据相关数据统计，海尔集团迄今为止已有近20起的兼并案件，在这些企业还没有被收购前，这些企业的亏损率总额已经超过了5亿元人民币，但是，在进行合理的重新组建之后，资本总额竟然整体上超过了15亿元人民币。

海尔的老总张瑞敏针对此做了明确的归纳总结，对那些市场经济较为发达的国家而言，在进行企业兼并时一共需要经过三个阶段：第一个阶段是大鱼吃小鱼，也就是所谓的弱肉强食；而第二个阶段则是"快鱼吃慢鱼"，通常是指技术先进的企业会把那些技术落后的企业吃掉；第三个阶段是鲨鱼吃鲨鱼，就是企业强强竞争。

市场上的"快鱼法则"，极力强调又"快"又"准"，要求必须能够准确把握短暂的商机。正如Modell体育用品公司的CEO默德所说："想要在以变制胜的竞赛中脱颖而出，速度是关键。"

除了市场竞争会运用到快鱼法则，企业进行内部管理过程中，也能通过运用快鱼法则，使得员工工作效率整体有所提高，在整体上使企业实现飞速的发展，从而获得更大的成功。

首因效应：第一次给人留下的印象很关键

一位心理学家曾给两组被试者看了同一张相片，并告诉甲组和乙组，相片中的人分别是罪犯和教授，让他们接着分析这个相片中的人物特征。结果得到了两种截然不同的结论：甲组认为相片中人物的眼睛隐藏着险恶，尤其是那凸起的额头更是表明了他那死不改悔的决心；而乙组则认为相片中人物的目光凸显了他有着深邃的思维，那凸起的额头更在很大程度上说明了人物具有一种勇于探索的坚强意志。

通过这个实验，能够进一步表明第一印象如果是一种肯定的状态，那么接下来在了解中会更多地偏向美好意义的品质去展开挖掘；但是，如果第一印象是一种否定的状态，那么接下来在了解中会有更多偏向令人厌恶的部分被揭露出来。

显而易见，人与人第一次见面所形成的印象具有一定的重要性，这会进一步决定着以后双方交往的进程。

第一印象的重要性

在简·奥斯汀所著的《傲慢与偏见》这本书里，女主角伊丽莎白在舞会上初次见到达西时，就因为他表面上的冰冷，与无意间对她流露的不在乎而形成了第一印象——傲慢、自大、无礼。这种极其恶劣的第一印象直接决定了她前期乃至中期对达西的一系列负面评价，甚至于不假思索便相信了威科姆对达西的诽谤，而无法发现这其中某些显而易见的矛盾。伊丽莎白对达西的否定持续了很长一段时间。直到达西向她求婚失败后给她写了一封极长的自白信，靠着有说服力的事实澄清了所有的误会，才有机会使她逐渐放下偏见。从那时开始，他们的爱情才逐渐成形。

在这个爱情喜剧中，正是因为达西给伊丽莎白的第一印象很不好，才阻碍了二人最初的情感发展。如果伊丽莎白没有被最初轻易做出的第一印象所干扰，那他们二人虽说必然会经历一段考验，但总能更快地认识对方，至少不会出现误会越结越深的情况。

简单来说，就是人很容易被最先接收到的信息所左右。如果第一次见面的时候就给别人留下了一种良好的印象，那么在以后的接触过程中也会较为轻松；如果第一次见面的时候就给对方造成一种令人反感的印象，那么会使别人产生一种冷漠感甚至是抵抗感。比如，当你的朋友向你介绍一个人时给的评价大多是正面、积极的，那么你对这个完全陌生的对象几乎很难产生恶感，除非在接触后获得的负面信息太过离谱。反之，如果最初评价大多是负面、消极的，那你几乎很难对这个人形成好感抑或继续交往的热情。

给人留下良好的第一印象

马鸣是一名应届研究生，在毕业之际到处面试，希望能为自己找到一份好工作。

在最后一轮应聘中，主考官由这家公司的老总来担任，而马鸣则在考试快要临近尾声的时候才匆匆忙忙赶到。老总上下打量了一番衣着不整的马鸣，带着一脸疑惑问他是不是研究生，在得到肯定的回答之后，又继续问了他一些关于专业方面的知识，马鸣一一给出了答复，最终被录用。

来公司上班的第一天，老总告诉马鸣说，若不是他在回答专业性的问题时表现得非常出色，公司根本不会录用他，因为他的穿着打扮给人的第一印象完全像是一个社会小青年，与研究生毫不沾边。

听完老总的一番话，马鸣才把那天的情况细细向老总说了起来。原来他在应聘的路上，遇到有人出车祸，于是协助他人把受伤的人员送去了医院。后来，他发现自己的衣服沾了血迹，在回家换衣服的时候，又发现自己衣服没干只好顺势穿了表弟的衣服，于是造成了当时的情形。老总恍然大悟，在夸赞了他的行为之后一再嘱咐他，一定要注意自己留给别人的第一印象。之后的工作中，马鸣表现得很出色，深得老总的器重。

从求职的故事中，我们能够发现第一印象占有的重要性。心理学家认为，第一印象主要通过外部特征对一个人的内在素养和个性特征进行判断。所以，在一些社交活动中，应该把自己的形象极好地展现给别人，从而为以后的交流打下基础。

　　由此可见，首因效应对于人们的交往能起到一种微妙的作用，想要在人际交往过程中获得别人的好感，就应该把良好的第一印象留给别人。

服从效应：出其不意的行动更容易达到目的

服从效应也称出其不意效应，具体是指在一个人没有任何心理准备的前提下，不管让他做什么，他都会服从去做。通常来说，在一个人没有任何心理准备的前提下，突然采取迅速的行动，是很容易达到目的的。

针对这一效应，有人曾做过一个"让座"的实验：

第一种让座情况：一位站着的乘客突然很有礼貌地对一位坐着的乘客说，把座位让给自己，而面对这种突发的请求，坐着的乘客会不加思考便同意让座；第二种让座情况：一位乘客缓慢地对一位坐着的乘客说，旁边那位先生想让你给他让个座，而这时那位坐着的乘客会打量一番旁边的先生，在看到他年纪不大时，便不会做出任何反应。

由这两种情形能够得知，第一种情况会比第二种情况的成功率高。要是从心理学的角度来解释的话，让被试者突然毫无心理准备地去做一件事时，出于生活习惯和常识，为了保证自身安全，往往会不加思考地服从。

攻其不备，出其不意

《孙子·计篇》中有关于"攻其不备，出其不意"的详细记载。而这一记载也正好与"服从效应"这一心理学说相互对应。

三国时期，东吴名将吕蒙也是通过采用这一计谋而夺取了荆州。面对来头不小的对手关羽，吕蒙施计让陆逊替他代守陆口，并让陆逊写信备厚礼送给关羽，关羽一看这种情形，便放下了戒备心，把军队的主力调到了樊城。吕蒙看到难得的时机，便让会水的士兵扮成商人，将精兵藏于船中，让关羽派去驻守江边烽火台的士兵误以为是商人，让他们可以停靠岸边，于是趁机偷袭了沿江的各处守军，在此期间还用重金收买了荆州的士兵为他们喊开城门。这样一来，使得守荆州的士兵误以为是荆州之兵，他们就打开了城门，于是吕蒙趁此机会偷袭了荆州。

这一战，不仅让三国名将关云长败走麦城，也进一步使得蜀国的实力大损，最终形成了一种三国之魏强的局面。

可见，所谓的"攻其不备，出其不意"，这种服从效应对于先机的掌握和运用是十分重视的：在敌我双方没有形成明确的对峙，敌人还没有做好全然的准备时，就应该迅速出击，这样才能使自己的损失降到最小，赢得最大的胜算。

以奇制胜，打破常规

服从效应在商业领域、日常生活中也同样适用。

天津第四铝制品厂正是因为"出其不意"制造了一种能够带有哨声的铝壶，使得该产品变得供不应求。由于铝壶是一种非常普通的居家商品，所以很早之前就有人在想如何通过这个产品制造商机，而天津第四铝制品厂却别出心裁地想出了一个妙招，即在普通铝壶上加上一个哨子，只要水一开，蒸汽就能吹响哨子，从而提醒人们记得提水，这种革新虽小，但是带来的反响却很大，最终使得这种"响壶"供不应求。

在做生意时，想要赢得市场，便要不断创新，"出其不意"地推出新的产品投入市场，才会获得意想不到的效益。这种出其不意的行动事实上结合了谋略、胆识和速度这些因素，才能顺利将竞争对手杀个措手不及，最终达成目的。

服从效应讲究的是一个主动权的把握，主动就灵活，被动则挨打，这个思想从古至今都对人们有重要的指导意义，攻其不备，出其不意，以奇制胜，打破常规，用对手意想不到的方式和手段来应对，这样才能在对方预料之外取得胜利。

大拇指定律：永远都要想着当第一

当你夸赞或是佩服某个人的行为时，总是会把自己的大拇指跷起来，那么，在这五个手指中，你到底是四指中的一员，还是别具一格的大拇哥？

具体说来，大拇指定律最初是在经济领域之中产生的，主要是用来详细阐述具体的风险投资收益的一种普遍现象。因为在不断地进行风险投资的过程中，总会有一些失败的企业陆陆续续被逐出市场，也会有一些落后的企业遭到市场的无情淘汰，一直到最后，能够站稳脚跟、成为业界之中"领头羊"的才是那个最具实力的企业。

其实，不仅是企业存在这种局面，生活中也是如此。由于人的一生中会有很多的不确定性因素出现，也会面临各种各样的选择。在进行抉择过程中，选择得当，那就为今后前进的方向奠定了一个较为扎实的基础；选择出现失误，可能会出现前功尽弃、功亏一篑的局面。其实每个人的起点都是一样的，只不过在多年之后，有的人仍旧保持默默无闻，而有的人却能够做一番功成名就的事业，总结起来，主要是大拇指定律起到了一定的作用。

永远处在"厚积薄发"的状态

2003年，戴尔公司的年销售收入超过354亿美元，随后，戴尔就立即宣布：公司设立的新目标是2006年销售收入一定要达到600亿美元，增长率必须达到市场增长率的3倍。不仅如此，公司还做了严格规定，就是所有员工在完成指标后所举行的庆贺不许超过5秒，一旦完成了一个目标，那么就需要在之后的5个小时内制订出新的计划。

可见，戴尔之所以能够取得如此优异的成绩，主要是因为他们的目光高远，不仅仅停留在当下的局势之中，而是随时都处于一种厚积薄发的拼命状态。戴尔要求员工把每一次的任务都当成比赛来对待，只拿第一，不拿第二，这种坚持不懈的精神也是值得敬佩的。

众所周知，对于戴尔而言，他们既没有非常悠久的历史，也没有较为实力雄厚的科研力量。因此，想要在IT产业谋求一定的巨大发展空间，戴尔只能不断地努力，以最快的速度获取胜利。

据相关数据统计，戴尔在个人计算机的销量上，已经远远超过IBM、惠普和康柏，并且连续三年排名一直都保持在全球的NO.1。

不想当将军的士兵不是好士兵

拿破仑曾说"不想当将军的士兵不是好士兵"，一个士兵不管他的内心想当将军的欲望程度如何，只要他有了这样的理想和欲望，就会在实际行动中产生前进的动力，这对其自身价值的实现有着不可替代的作用。

帕格尼尼是著名的"小提琴之王"，是有名的演奏家兼作曲家。帕格尼尼在一次表演过程中，琴弦由于不堪重负，一根接一根地崩断了。但他并没有惊慌失措，而是仅凭着唯一的那根琴弦，拉完了最后一个音符。直到谢幕时，帕格尼尼举起小提琴的时候，观众们才看到已经断开的琴弦，顿时台下一片掌声雷动。从此，人们赋予帕格尼尼"独弦琴圣手"的美誉，他传奇般的艺术人生也成为人们津津乐道的话题。

可知，想要成为那个卓尔不凡的"大拇指"，不是光想就可以的，还必须要付出加倍的努力去行动。十指虽连心，却只有大拇指承担着与众不同的责任和任务。同样地，无论是企业还是个人，只有独树一帜，才能散发出最耀眼、最闪亮的光芒。

第七章

高效行动：让复杂的问题变得简单

鳄鱼法则：关键时刻不要做复杂的取舍

"鳄鱼法则"是美国投资界一个既简单又有用的交易法则，也称"鳄鱼效应"。因为鳄鱼的吞噬方式较为特别，猎物挣扎越厉害，鳄鱼的收获就会越多。所以，万一被鳄鱼咬住你的脚，务必记住：你唯一的生存机会就是牺牲一只脚！所有世界上成功的证券投资人在进入市场之前，都会对这一原则的理解程度进行反复的训练。

在生活中，有时不好的境遇会不期而至，令人猝不及防，手忙脚乱，甚至会造成严重的损失。这时候，要学会安然处之，及时主动放弃局部利益而保全整体利益，才是最明智的选择。同理，当你犯了错误的时候，要懂得立即停止错误，迷途知返，不可再找借口或理由来采取其他任何措施，否则将陷入更大的麻烦和错误中去，以致造成更加严重的后果。

当断则断，切莫迟疑

2014年，是中国股民的集体大狂欢。李权同大多数股民一样，对股市充满了热情，将自己攒了多年的积蓄，整整100多万元都投入进去，并加了4倍杠杆。"钱"景无限，李权在2015年4月时，果然赚了400多万元。

然而，从2015年5月起，A股像发了疯了似的开始持续下跌，到6月指数"跳崖式"暴跌。李权的股票也被强制平仓，最后所剩金额竟不足30万元。一夜之间，他的多年积蓄几乎化为虚有，就如做了一场黄粱美梦一般，只是，梦醒了，钱也没了。

李权一次次揪着脑袋问自己："为什么跌到300万元的时候我没抛？为什么跌到200万元的时候我没抛？为什么跌到100万元保本的时候我没抛……"

到底是为什么呢？就是因为人性的弱点，因为李权的贪心和不甘心所致。倘若在他的股票首次出现跌落时，他就果断抛出，也不至于会输到如此地步。

在股市中，要懂得规避"鳄鱼效应"，当你发现自己的交易背离了市场的方向时，必须当断则断，要立即止损，不得有任何延误，更不得有丝毫侥幸心理。很多人往往由于人性天生的弱点，会不自觉地影响自己的操作，一次大亏，足以输掉前面99次的利润。

主动放弃，及时止损

Zappos是一家独角兽公司，被亚马逊以超过10亿美元收购。

Zappos公司在招聘员工方面非常严格，他们的人事经理制定了一条非常特别的招聘政策：被招聘进来的新人都会先安排近一个月的培训。而在培训结束之后，公司会给这些员工提供两个选择：一个是留下来，成为公司的正式职员；另一个是离开这家公司，同时公司会给予4000美元的奖金。

决定离开公司的人反而能够拿到奖金，这听起来似乎很荒唐。为什么Zappos公司要在并不利己的情况下还多给钱呢？这是因为Zappos公司看到并承认了一个很多公司可能已经看到但却不愿承认的事实：新进的员工中，总是会有一些是想要离开这家公司的，很可能半年之内他们就会选择离开。而这样的员工对于公司并没有强烈的认同感，他们常常想的是我得到了什么，而不是我为公司带来了什么，所以他们对公司产生的价值就会很有限。如果让这样的员工留下来，不仅起不了什么好作用，反而可能会给公司带来损失，除了薪资福利的支出以外，还有可能会在工作及公司文化上造成一定的负面影响和破坏。与其让这样的员工留下来给公司造成损失，不如选择及时止损，拿出4000美元让他们早点离开，从而避免出现"鳄鱼效应"。而从另一个角度来说，放弃4000美元奖金而选择留下来的人，往往都是真心认同公司文化，并愿意与之共同进退的员工。

Zappos公司的这项招聘政策的确十分有效，因为他们在很早期就规避了长远来看可能存在的损失，为公司带来了积极的影响。智者曰："两弊相衡取其轻，两利相权取其重。"趋利避害，这也是放弃的实质。在必要时懂得主动放弃，及时止损，也未尝不是一件好事。

　　麦肯锡资深咨询顾问奥姆威尔·格林绍说过，虽然不知道正确的道路是什么样，但是一定不要在错误的路上走得太远。的确如此，无论是生活中还是商场上，难免会出现一些难以做出选择的情况，而这时候就需要当机立断，不能迟疑；适当地放弃一些东西，能够及时止损。

布里丹毛驴效应：不要把时间浪费在犹豫上

在心理学中，把在决策过程中出现难以进行抉择的现象称为"布里丹毛驴效应"。

布里丹毛驴效应源于这样一个故事：法国哲学家布里丹每天都会从附近的农民那里买一堆草料来喂他的小毛驴。一天，卖草料的农民多送给哲学家一堆草料，于是小毛驴旁边有了两堆草料，看着这两堆草料，小毛驴开始比较，由于两堆草料数量、质量和离它的距离都没有什么差别，所以小毛驴最终在选择比较中活活被饿死了。

其实，这就像在鱼和熊掌之间进行选择一样，如果不肯做出舍弃、贪得无厌都想得到，那么事情的结果往往是什么也得不到，这种行为，看上去是追求完美，实则错过了最好的机会，与成功擦肩而过。

明确目标，果断决策

古往今来，有无数名人志士皆因为出现布里丹毛驴效应而导致失败。

战国时期，赵武灵王晚年禅位当了"赵主父"之后，想废掉小儿子赵惠文王，改让大儿子继位，但又犹豫不决，结果被赵惠文王的手下围困起来饿死。在《三国演义》中，东汉末年大将军何进想除去宦官，却优柔寡断错失良机，反被十常侍杀害。初唐时期，魏征建议李建成除去李世民，李建成因犹豫不决没有及时采纳，反被李世民抢先一步发动玄武门事变而全家被杀……这些人都是因为决策不及时，才导致悲剧的发生。

在现代，很多企业在经营中也经常出现布里丹毛驴效应。当企业面临抉择之时，如何选择对企业的成败至关重要，因此，企业管理者都希望能做出最佳抉择。但他们在抉择之前，往往会反复权衡利弊，出现举棋不定的现象，如此一来就导致很多的机会去之不返。有时候，机会都是稍纵即逝，并没有留下足够的时间让人们去思考，这就要求企业管理者必须审时度势，及时做出选择。

一位成功人士声称，影响他一生的最大教训是发生在他6岁时的一件事。那天，他路过树下的时候，正好一只鸟巢掉落在他的头顶，然后滚出一只小麻雀，自己满心欢喜地把它带回了家，但是又怕妈妈不同意，便把小麻雀放在门后去征得妈妈的意见，得到妈妈的允许后，他兴奋地去找小麻雀，却发现一只黑猫在舔着嘴巴。

小男孩从这件事中得到了极大的教训，以后只要自己认为对的事情，就不应犹豫不决，应该当机立断，付诸行动。如果不能做出明确的选择，既没有做错的机会，也不会有成功的可能性。正是因为小男孩有了这种觉悟，后来才有机会将事业发展壮大。

因此，作为企业的管理者，在工作中面临选择时，一定要当机立断，准确分析形势的利弊，确保决策的及时、有效和准确性，只有这样，才能使决策赢得优势，取得成功。

把握时机，迅速执行

好的机会往往是可遇而不可求的，能够准确把握时机及时采取行动，也是一种智慧。

世界酒店大王希尔顿，早年追随掘金热潮到丹麦掘金，但是不幸的是他没有掘出一块金子，但是上天却给了他另一种眷顾。当他失望地准备回家时，他发现了一个比黄金还要珍贵的商机，并且迅速地把握住了。当别人都在忙于掘金之时，他睿智的眼光看到了商机所在，便开始忙于建旅店，做旅馆生意，这才为他日后在酒店事业上的成功奠定了基础，最终成了名副其实的"世界酒店大王"。

再看看中国首富李嘉诚。在改革开放初期，社会还相对落后之时，土地并没有像现在这样的"寸土寸金"，但李嘉诚就看到了土地的未来发展潜力，并准确把握住这个商机。他当时处在那样的社会环境，并且自己还并不富裕的情况下，选择借巨款大肆购买地皮，这样的眼光和魄力令人钦佩。事实证明，他的眼光没有错，他做了常人连想都不敢去想的投资行为，而正是因为这次投资才使他发家起业，最后成了亚洲地产大亨。他的成功离不开对时机的把握和果断行动。

运气有时候就像市场上的买卖，当你在犹豫观望之际，价格既有可能上涨也有可能下跌，因此，我们应该把握最佳时机，该出手时就果断出手，一旦决定，就要毫不犹豫地付诸行动，奔向最终目标。

在进行决策的过程中，切忌出现布里丹毛驴效应。人们在现实生活中总会遇到很多的抉择，而如何做出选择则会事关人生的成败，所以在选择的过程中，要当机立断，切不可犹豫不决，否则将会错失良机，一无所获。

奥卡姆剃刀定律：复杂问题简单化

奥卡姆剃刀定律是由14世纪英格兰的逻辑学家、圣方济各会修士奥卡姆的威廉提出。这个原理称为"如无必要，勿增实体"，即"简单有效原理"。

公元 14 世纪的时候，英国萨里的奥卡姆因为厌倦人们为了"共相""本质"之类的东西进行无休无止的争吵，于是著书立说，推崇主张"思维经济原则"，就是"如无必要，勿增实体"。于是人们为了纪念他，把这句话称为"奥卡姆剃刀"。这把剃刀的诞生，不仅剃秃了经院哲学和基督神学，还进一步使科学、哲学从宗教中彻底分离出来，最终形成宗教哲学，完成世界性政教分离，成果表明无神论更为现实。

在现实生活中，要善于运用奥卡姆剃刀定律，适当地化繁为简，让事情变得简单、高效，这样事情的成功率也会更高。

取其精华，去其糟粕

奥卡姆剃刀定律虽然大力倡导进行简单化管理，但是也并不是因此就盲目地进行剔除，而是需要在厘清整体脉络的前提下，把简单进一步提炼出来。

在美国企业界，很久以来一直存在着这样一种传统的官僚认知，即经理们的主要工作就是监督部下正常地工作。然而这种官僚作风对于企业的长远发展并不会起到一种积极的推动作用。如果企业长期保持这样的状态，那么对于企业而言，陷入重重危机也是指日可待的事。

通用电气公司也是官僚管理企业之一，前董事长兼CEO杰克·韦尔奇十分厌恶这种陈旧的传统官僚作风。1981年，他担任通用电气公司的总裁之后，发现公司的官僚气息十分浓重，长此以往下去会使公司的业绩受到损害，严重的话甚至能毁掉这个公司。于是在经过苦苦思索之后，他终于总结出一个结论，那就是管理越少，就会使得公司保持一个越好的状态。

随后，他对公司的官僚管理风格进行整合，尽量让控制和监督在管理工作中的比例有所减少。韦尔奇经过使用神奇的剃刀剪裁官僚风，使得通用电气公司一直保持了20年的辉煌战绩。正是对奥卡姆剃刀定律运用得当，才发挥出了如此之大的作用。

化繁为简，化难为易

奥卡姆剃刀定律不仅仅是企业的管理密钥，同样也是一种最为基本的生活理念，它要求人们在处理繁杂的事务时，化繁为简，有效地解决最根本的问题。

张强是某电子科技公司的一名测试员。公司最近开通了一项新的业务，如同往常一样，业务开通前需要进行各种测试。于是，他和同事围绕如何能够高效完成业务测试，发表了各自的观点。

同事认为应该把所有现有的业务都进行一次测试，如果测试期间缺乏人手，再按需要加人，进行测试的工作时间大概需要8个小时；而张强不这么认为，他觉得应对业务的系统实现特性做一个精确的分析，然后在此基础上有针对性地进行相应的业务测试。经过两人的多次争论探讨，最终二人终于达成一致的意见，决定采用张强的方式进行，没想到测试结果竟然使工作效率比以往的任何测试都提高了一倍。为此领导在大会上对他们进行了高度的表扬，并积极号召大家学习他们这种解决问题的意识和能力。

在现实生活中，面对所谓的难题时，人们总是习惯往复杂处去想，不愿将其简单化处理，结果反而增加了难度。事实上，朝着复杂的方向发展只会浪费自身的精力，殊不知，高效能往往是来自简单化的操作。因此，在处理事情时，应学会把握重点，找到关键的部分，去掉多余的枝节，化繁为简，化难为易，那么成功将会变得更简单。

不论是在企业管理中还是在现实生活中，都离不开奥卡姆剃刀定律。当面临困难或问题时，不妨运用此定律做一番抉择。如果一件事情有两种或以上的解决方案时，选择最简单的方式；当一个目标能以最短的路径到达时，就不要再拐弯抹角。

华盛顿合作定律：人多的时候合作最重要

华盛顿合作定律与中国"三个和尚"的故事非常类似，大概说的是：一个人敷衍了事，两个人互相推诿，三个人则永无成事之日。可想而知，如果人数比较多的时候，能够拥有一种好的合作方法还是很重要的，因为这可以进一步促进彼此推进，否则会在很大程度上降低实际的工作效率。

合作时要讲究方法和原则

按照正常思维来说，三个和尚挑水吃，本应该是一种人多力量大的局面，能够喝到更多的水。然而一个和尚的时候有水吃，两个和尚的时候抬水吃，等到三个和尚的时候，竟然演变了没水吃的局面。

这个故事就明确体现了华盛顿合作定律对于群体合作有着很大的影响，合作不当，会使组织效能有所降低。如果故事中的方丈能为三个和尚挑水制定明确的分工，那么他们不仅会挑到水，而且会有吃不完的水。

那么针对这种情况，如何能让多人高效率地共同完成工作任务呢？这就需要破解华盛顿合作定律了，在进行合作的过程中，讲究一定的方法和原则，明确成员之间主要分工，落实成员的具体责任，对每个成员实行公开考核制度。让大家能够知道所有成员的努力程度，知道谁在敷衍了事，谁在互相推诿，从而进一步督促员工各司其职，防止团体中出现旁观者。

保持理念一致、团结协作

一位英国科学家做了一个这样的实验：他把点燃的蚊香放进了蚁巢，巢中的蚂蚁先是受到了惊吓，然而十几分钟过后，开始有许多蚂蚁冲到了火中，它们把蚁酸喷向蚊香，由于一只蚂蚁喷出的蚁酸有限，所以这些"勇士"很快就葬身火海之中。但是其他蚁群并没有因此退缩、放弃，依旧加入扑火行列，几分钟之后，火终于被扑灭了，活下来的蚂蚁将"勇士"们的身体抬着陆续地埋葬了。

之后，这位科学家又放入了一支点燃的蜡烛，这次的火势要比上次的火还大，但是蚁群已经从上次的教训中吸取到了经验，于是它们团结协作、临危不乱，在很短的时间内就把火扑灭了，神奇的是这次救火竟然没有一只蚂蚁牺牲。

从蚂蚁救火的事件中我们能够清楚发现，个体力量要远远小于团队的力量，每一个团队都是一个非常强大的集体，同时，只有团队中的每一位成员都具备团体协作的积极精神，然后把这种力量汇集到一起，才能最大限度发挥团队的最终力量，从而进一步壮大事业的发展空间。

亨利是一名非常优秀的营销员。他所在的部门，有着非常融洽的团队合作氛围，所以团队中每个人的业务成绩都十分突出，可是这种氛围并没有维持很长时间，就遭到了亨利的破坏。

那天，公司高层分配了一个重要的项目到亨利所在的部门，部门主管在百般思考之下，还是没有确定最终的可行方案。亨利认为自己对这个项目有很大的把握，于是为了表现自己，他越过了主管，直接向总经理汇报说自己能够承担这个项目，并递交了自己的可行方案。他的做法不仅伤害了部门主管，也影响了团队精神。

最后，总经理安排他与部门主管一起操作这个项目时，二人产生了很大的分歧，没有达成一致的意见，导致团队内部出现了分裂，因此，这个项目也被搞得竹篮打水一场空。

所以，在工作过程中，不能为了图一己私利，而弃团队的荣誉不管不顾，这样一来，只会扰乱团队秩序；只有团结协作，共同努力，才能发挥团队最大的作用。

人多的时候合作最重要，在合作的过程中要避免出现华盛顿合作定律的现象，就要懂得讲究合作方法，明确职能分工，同时还要保持彼此理念一致、团结协作，才能达到合作双赢的局面。

洛伯定理：不要什么事情都自己做，懂得授权

美国管理学家R.洛伯在做了相关的研究后，发现对经理人而言，他们不在场的情况要远比在场重要。因为一旦养成总让下属听你的习惯，那么当你不在时下属就会手足无措。这就是著名的"洛伯定理"现象。所以，洛伯定理告诉我们，要想让员工明白经理人不在的时候他们应该去做什么，经理人就要学会授权，给员工提供自由发挥的广阔空间。所谓的授权，就是指领导不必花费太多时间去做别人能做的事，而是应该把时间放在只做必须由自己做的事上来，只有这样，领导的能力才能进一步得到延伸。

善于任人，合理授权

在第二次世界大战中，盟军的最高指挥官是艾森豪将军。而艾森豪将军就只管四个人：海军总司令、陆军总司令、空军总司令，还有一个参谋总长。

艾森豪将军常常去打高尔夫球，有士兵问："我们都在前线冲杀，你怎么去打高尔夫球？"艾森豪将军不以为然地说："因为我是下决策的人，必须保持心情放松，这样才能让自己在十分冷静的状态下考虑事情，做决定。如果我每天杂事繁多，经神紧绷，那就没办法考虑重要的事情。一旦下错一个决策，伤亡的可能就是数万人，甚至几十万人。"

很多做领导的人，都误以为做很多事才是勤奋努力，这得要进一步冷静去考虑，因为每一个人最重要的工作是不同的。而且艾森豪的一个最大特点，就是善于发现和任用人才，像乔治·巴顿、范佛里特等一大批名将，都为他所用。所以领导者的重要任务是任人，而不是做事。

北欧航空公司董事长卡尔松就是通过巧妙运用合理授权解决了北欧航空系统存在的陈规陋习的。卡尔松的目标就是让北欧航空公司变成一家最准时的航空公司，但是怎么实行、找谁来解决，经过一番寻找，有了合适的人选。

卡尔松在拜访他时，询问他如何成为欧洲最准时的航空公司，并约定几个星期后见面再详谈。后来他们再次见面，卡尔松问他能否做到，那人说，需要花费6个月的时间，用到160万美元，卡尔松答应了。之后，他们不仅实现了目标，还省下了50万美元。

所以，从这个例子中我们能够得知，作为领导者，不能包揽各种权力于一身，要懂得让下属为自己分担，最大限度地给下属授权，这样才能够增强下属的积极性和创造性，做出出人意料的成绩。

善于管理，统揽全局

一位叫丙吉的宰相，外出巡视，途中遇到杀人案件没有理睬，反而对路旁一头大喘气的牛格外关心。随从对这种行为不解，丙吉说杀人案件自有地方官吏会去管理，而牛出现异常喘气，很可能会引发瘟疫，这是关乎民生疾苦的问题，所以必须要重视。

不仅仅是古代，对于现代企业而言，这同样尤为重要。一个企业的领导者，必须分清事情的主次，应时刻明白只做必须由自己来做的事，其余的完全可以交给下属去做，不必事必躬亲。

众人熟知的微软创始人比尔·盖茨在计算机领域是一个卓越的天才，但是他有一个特点，就是做经营的时候，就彻底放下技术方面的工作；搞技术研发的时候，又彻底离开管理岗位，另委派他人管理，结果证明他的做法是正确的，因为这种行事风格会让他全身心投入，因此获得满意的结果。

企业领导者可以不会其他技能，但是必须要能够做好自己的本职工作，善于管理，统揽全局。

洛伯定理就是要让领导者明白，要想做好一个领导者，就要善于用人，懂得合理地授权，把时间和精力放在管理中，主抓重点，谋取大局，这才是一个领导者应当做的事情。

第八章

积极社交：好的社交圈需要智慧和情商

交往适度定律：对人太好也是错

交往适度定律是指在人际交往中要懂得把握好一个度，超过这个度，人际关系就有可能走向反面。心理学家霍曼斯曾提出："对对方过度的好，使对方过度麻木，一旦对方得不到原来的标准，就会产生不满。"所以，在人际交往过程中，注意不要"过度投资"。

别让好心变成理所应当

有一位姑娘心地非常善良，尽管她并不宽裕，却经常乐于助人，乐善好施。有一次她发现自家楼下"住"过来一个小乞丐，于是给小乞丐拿来了一些吃的，还给了100元钱。从此以后，姑娘每个月都会给小乞丐100块钱，小乞丐也很感激。如此，坚持了两年。

两年后的一天，姑娘给了乞丐50元。乞丐很诧异，问她为什么比原来给的少了。姑娘解释说，自己的母亲生病了，家里开支变大，手头很拮据，所以以后每月只能给他50元了。小乞丐勃然大怒道："你凭什么拿我的钱去养你的母亲？"

这个故事中的小乞丐把姑娘的好心当成了理所应当，殊不知，姑娘就是一分钱都不给，他也没有理由去质问她。这个世界上，像小乞丐一般需要帮助的人有很多，能对别人的同情和帮助表示感激的人也不少。但当把别人对自己的好看作一种常态时，这个小乞丐的勃然大怒就会成为一些受助者的正常反应，因为他们习惯了别人对自己的好，并且把这种好视为理所当然。而一旦把别人对自己的好看作理所当然时，人性的扭曲就不可避免。

现实生活中，也不乏这样的例子：

"大衣哥"朱之文凭借《星光大道》一举成名后，很多村民对他的理解就是，出去唱一首歌就有几十万元、几百万元的收入，由此自然成了村民眼里的大款。成名之后的朱之文没有忘本，还是种着地，到了收庄稼的季节也是回村里收割庄稼。虽然已经很有钱了，但是还住在原来的村子里，并没有搬到所谓的大城市。不过朱之文面临的困惑越来越多，他不但得不到乡亲们的尊重，反而和邻里之间的关系越来越差，甚至还要面对他们的指责，实在令人寒心。

朱之文出钱给村里修路，路修好了没人感激他，有村民说他"修路不是在村里立碑了嘛，他还不是想要这个名声"。很多乡亲们来找朱之文借钱，并不是因为急用钱，而是为了改善生活，并且借出去的钱没有一个人来还，大家都认为"朱之文一年赚这么多钱，还差这一万两万的借款"？春节之时，朱之文挨家挨户给村里的孩子发钱，一人200元，这个举动不但没有赢得乡亲们的尊重，甚至出现了一个搞笑的场面：朱之文说了这是给孩子们的压岁钱，但是还是有百名村民围堵讨要。无奈之下他只好给大人们也发了钱，但让人惊讶的是拿到钱的乡亲们竟然嫌弃200元太少，认为大衣哥实在是"太抠门"。

朱之文原不忘本，成名之后为家乡做贡献是件好事，但乡亲们把朱之文的好心当作理所应当，才导致出现了这样的局面。俗话说"升米恩，斗米仇"，穷不可怕，可怕的是穷得理所当然。所以，在人际交往中，不要把好事一次做尽，要留有余地，或者给对方回报的机会。

适度为好，过犹不及

一位女士拿着离婚证在路边伤心地哭泣，因为丈夫和她提出离婚的原因竟然是她对家里的每个人太好了，以至于让他无法接受。原来，这位女士特别喜欢照顾别人，尤其是一到下班时间，回到家的她愿意包办家里所有的家务，这让自己的丈夫、公婆感到手足无措，他们就像是在别人家里做客一样，所以，时间一长，全家人再也忍受不下去她的这种行为了，只好让她离开这个家。

心理学家霍曼斯曾提出，人与人的交往就如同市场上的商品交换所遵循的原则一样，在交往中得到的不能太少于所付出的，但是得到的也不能太大于付出的。如果得到的大于付出的，人的心理会有一种失去平衡的感觉，感到无法回报，从而会产生一种愧疚感，这种心理会使受惠的一方选择远离。这位女士离婚的原因就是这样，对家人过好，使得家人心生愧疚，只好让她离开。

人们常说"帮你是情分，不帮是本分"，人与人之间的情谊就像天平的两端，只有保持平衡，才能长久相处。因此，在人际交往中，对别人好也需要适度，过犹不及，别让自己的好心变成了别人的理所应当。

多看效应：你出现的次数多了，印象也就深了

心理学上有这样一种现象，就是越是你熟悉的东西，你对它的喜欢程度就会越高，这就是心理学家查荣茨提出的"多看效应"。

20世纪60年代，查荣茨曾做过这样一个实验：他让参加实验的人观看一些人的照片，照片出现的次数不一样，有出现二十几次的、十几次的甚至还有一两次的。最后，让观看照片的人一一评价他们对照片的喜爱度。结果显示，参加实验的人看到的照片出现的次数越多，就会越喜欢，而对于那种只出现几次的照片往往引不起太多的注意。所以，结论就是观看次数越多越能够增加喜欢程度。

还有一个实验：是在一所大学的女生宿舍楼进行的，心理学家随机找了几个寝室，把不同口味的饮料分别发给她们，并要求她们以品尝饮料为由，在这几个寝室之间互相走动，但是见面时不得进行交谈。过了一段时间之后，心理学家对她们的熟悉和喜欢程度进行了评价，得出的结论是：见面次数越多，彼此相互的喜欢程度就

会越高；而那些见面次数较少的或者是甚至没有见面的，喜欢的程度也会相对较低。

这就进一步说明，在人际交往过程中，多看效应是存在的。对于那些善于制造双方进行接触机会的人，在互相接触的过程中可以慢慢熟悉，从而能够产生更大的吸引力，让对方喜欢的机会也就相对更大。

生活中运用多看效应能赢得好人缘

在感情世界中，为什么人们都说"日久生情"比"一见钟情"来得靠谱呢？这正是因为"日久生情"就是多看效应的反应结果，出现的次数多了，印象也就深了，感情便会日渐升温。并且"日久生情"是建立在彼此更加了解、熟悉的基础之上，这样的情感自然也会更加稳定。

唐雪在大学快毕业的时候，家人就急着给她介绍了一个相亲对象，但当时她的心思还在毕业论文和未来工作的问题上，对这种事情并不太在意。于是，唐雪就抱着看一看，也好给父母一个交代的心理，与男孩相见了。对方是一个相貌平平的男孩，看起来并不出众，两个人像走形式一样互相询问了一些基本情况，最后结果也是不了了之。

后来，唐雪毕业后去了上海参加工作。一个人在陌生的城市打拼，因为生活和工作的压力，唐雪常常感到心力交瘁。

有一天，家人告诉唐雪，那个曾经和她相过亲的男孩也在上海，于是两个人便联系上了。当时，唐雪也没有多想，只是觉得在这个陌生的城市，有一个老乡在也挺好，还能有个照应。于是他们便经常联系，每到周末就约着一起去逛一逛、走一走或者看场电影。时间长了，两个人之间竟然越来越默契。唐雪想吃什么的时候，还没等她开口，男孩就已经买过来送到她面前了。

经过一段时间的接触，唐雪逐渐发现这个当初看起来相貌平平的男孩，现在越发像个男人了，长得也挺好看的，属于耐看型。并且她发现这个男人还有很多优点，比如人很细心、体贴、干净、勤快……唐雪已经在不知不觉中喜欢上这个男人了。

一年过后，唐雪和男人手牵着手一起回老家，顺利地举行了婚礼。

唐雪和这个男孩如果没有在一起接触、相处的时光，相信两个人很快就会将彼此忘记。但因为接触的时间越长，才会彼此越来越欣赏，最终让这段感情有了归宿。

其实，"日久生情"的例子在生活中十分常见，包括很多明星都是在拍戏的过程中结下的情缘。可见，与人交往得越多，他们的关系就越亲密，这就是多看效应的结果。所以，在生活中，如果你希望被别人喜欢，不妨适当运用多看效应，让对方有更多的机会看见你，次数多了，印象也就深了。

工作中运用多看效应能赢得成功

原一平，是日本著名的推销之神，他在刚刚进入保险业的时候，为了能够赢得一个大客户，曾苦苦花费3年8个月的时间，每天去登门拜访，可是去了70次，每次都扑空了，然而在这种情况下，他并没有因此失去信心、灰头丧气，而是继续坚持不懈地登门拜访，在第71次终于获得了成功。

之后的原一平谈到这件事的时候，说了这样一句话，当你想把潜在的客户变成真正意义上的客户时，就要把客户所带有的一切顾虑给他打消，不仅如此，还应该做到与客户保持一种经常性的联系。

被称为世界第一推销员的乔·吉拉德也曾说，对于推销而言，实际上并不是一件极其困难的事，关键就是要一直不断地坚持，不断地去拜访客户。的确，只有经常保持与客户见面的机会，才会逐渐地拉近与客户之间的关系，从而提升推销的业绩。

其实不仅仅是推销，就像我们在平时的工作过程中也是同样的一个道理，要想进一步拓展自己的人际，就应该适当地增加与他人不断见面的机会。学会巧妙运用多看效应，能够使你与自己的目标更近一步，从而打动客户。

可见，熟悉能增加人际吸引的程度。当然，要使多看效应发挥好作用的话，还有一个前提，就是要给他人建立一个好的第一印象。否则，频繁见面，只会越发增加对方的厌恶感。

互惠关系定律：你帮人，别人才愿意帮你

心理学上有一种"互惠关系定律"，具体而言主要包括：给予就会被给予，剥夺就会被剥夺。信任就会被信任，怀疑就会被怀疑。爱就会被爱，恨就会被恨。

在人际关系中，最好的人际交往便是，你善待他人，他人也善待你。爱默生说："人生最美丽的补偿之一，就是人们真诚地帮助别人之后，同时也帮助了自己。"这就是"互惠关系定律"的体现。

别人对你的态度，取决于你对别人的态度

一个小男孩和母亲赌气之下，来到了大山边，他愤怒地朝着山谷大喊了三遍"我恨你"，没想到，山谷里竟然也传来了三遍"我恨你"的回声。小男孩气冲冲地回到家，告诉母亲山谷里有个小孩在骂他，于是母亲又把他带到大山边，这回让他朝着山谷大喊"我爱你"，小男孩照着母亲说的做了，然而这次他却发现山谷里传来了"我爱你"的回声。

有时候，并不是只有大自然才有回声，人的生命过程也会有回声存在。有个男人在气候恶劣、白雪覆盖、毫无人烟的尼泊尔的山路上走了好久，终于见到了一个旅行家，于是两人互相为伴，继续前行出发。但是为了节省彼此的热能，两人在一路上都一直保持着沉默的状态。

途中，突然发现一位老人倒在雪地里，男人担心老人这样下去会被冻死，于是想要让同伴帮忙，把老人一起带走，可是同伴却说这么冷的天怕受到拖累，于是独自先行离开了。这个男人只好自己背着老人继续前行，走了一段时间，男人的全身已经被汗水浸湿，然而这股热气却意外地把老人的身体慢慢地温暖了，老人开始有了知觉，于是他俩就靠彼此散发的体温进行取暖。

就在他们快要到达村庄的时候，发现村口聚集了好多人，男人带着疑惑挤进了人群，发现有个男人僵硬地躺在那里，仔细一看，这个男人竟是当初与他一起搭伴后来中途离开的那个人，可惜他离村庄只有咫尺之遥了。

其实，在生活中也是如此，别人对你什么态度，往往取决于你对别人的态度。如果你对别人的态度很好，那么你自然会接收到别人传递给你的好态度，这样长此以往，你会发现自己所处的人际关系环境是一种很好的状态。

懂得换位思考，获得更多的理解和帮助

换位思考，是设身处地为他人着想，即想人所想，理解至上的

一种处理人际关系的思考方式。人是三分理智、七分感情的动物，如果一个人能够长期保持"想他人之所想"的态度，那么长此以往，别人自然也就会增进对你的理解和帮助，同时还能减少很多不必要的误会和矛盾。

例如，春节的时候，人们手机接收最多的消息便是祝福短信。只是，越来越多人觉得，群发的祝福并不能给自己带来快乐，反而会让人感到十分厌烦，甚至有人会认为这是一种骚扰。倘若在发信息时，人们能换一个角度，站在对方的立场上去思考，群发的消息会不会打扰到对方，或者自己手动编辑一些祝福的话语，让对方看到你的真诚，这样就能避免很多"拉黑"或"被拉黑"的情况发生，甚至还会收到对方的回复，得到同等的祝福。

所以，当我们在处理人际关系的时候，学会换位思考，设身处地地想他人之所想，这样才能得到更多的理解和帮助。

在职场，上司和员工之间亦是如此，学会巧妙地运用互惠关系定律，能更好地帮助我们发展事业。正所谓"士为知己者死"，通常从业者可以为认可自己存在价值的上司鞠躬尽瘁。当上司真诚地替员工着想，帮助员工发挥自身价值的时候，员工自然也会用努力工作来作为回报。

1933年，美国正面临经济危机时期，哈里逊纺织公司也难以避免此劫。不仅如此，前不久发生的一场大火更是让公司损失惨重，几乎所有的厂房和设备都成了陪葬品。哈里逊一想到公司的3000名员工因此将面临失业，便心生不忍，于是他决定继续为员工发放工资，算是为公司也为员工做的最后一分努力。

随后，这些员工纷纷收到来信，说是董事会会继续发放他们一个月的工资，他们十分惊讶，并向公司表达了由衷的感谢。一个月之后，他们再次接到通知，说是董事长决定再支付他们一个月的工资，这时他们内心深深地受到了触动，因为他们知道，对于公司而言，现在本身就处于一种亏损的状态，而且现在也没有任何产出和收益，但是在这种情况下，公司还要坚持支付他们的工资，董事长得承担多大的压力，这个决定对他们来说也是意义重大的。

于是，员工们一致协商，带着感激和热忱，使出浑身解数，日夜不停地为公司卖力工作。功夫不负有心人，在全体成员的共同努力下，哈里逊公司终于在3个月后奇迹般地起死回生。后来，哈里逊公司逐渐发展成为美国最大的纺织品公司，他旗下的分公司遍布了全球数十个国家。

我们看到哈里逊公司的成功，不是来自偶然，而正是因为哈里逊做到了换位思考，他能够充分地站在员工的处境去考虑事情，并最大限度地为此做出努力，最后才有了员工努力工作的回报，令公司起死回生，并发展壮大。这就是领导者与员工之间互惠关系定律的体现。

互惠关系定律就如同《诗经》中的那句"投我以桃，报之以李"，人们通常都会以相同的方式来报答他人为自己所做的一切。所以，在人际交往过程中，要懂得主动帮助别人，只有你先愿意帮助别人，别人才能给予你相应的回报。

跷跷板效应：在人际交往中要保持收支平衡

著名的社会心理学家霍曼斯提出，人与人之间进行交往，本质上来说其实就是一个社会交换的过程，应该把彼此所需要的相互给予。对方高的时候，自己就得低一点；对方低的时候，自己就得高一点，这实际上就是著名的"跷跷板效应"，要时刻保持一种平衡和对等的状态。

平等对待他人，才能维持平衡关系

曾经有一位大学教授做了一个小实验，他挑选了一些陌生人，然后随机给其中的一些人寄去了卡片，没想到，几天之后，他竟然收到了这些人回赠的卡片，有很大一部分人都是出于感谢而回赠的。

不光人类拥有这种特性，其实，在动物界也存在一样的"游戏规则"。有一种类型的蝙蝠，它们主要是借助吸食其他动物的血液为生，如果两昼夜它们吸食不到血，那么只能被活活饿死。但是这时候就会出现这种情况，有一只刚刚饱餐一顿的蝙蝠，往往会把自己已经吸食的血液吐出一部分反哺那些濒临死亡的同伴，尽管没有任何亲属关系。不过，这些蝙蝠们会做出选择，去回报那些曾经向它馈赠过血液的个体，至于那些知恩不报的个体它们是不会馈赠血液的。

在现实生活中，当人们收到礼物或得到恩惠后，会觉得自己有义务来予以回报，因为对恩惠的接收往往与偿还的义务紧紧联系在一起。所以，人们总是习惯用平等的态度来处理人际交往关系，这样才能维持彼此之间的收支平衡。而那些不懂得维持人际交往收支平衡的人，往往也都得不到人们的喜欢和认同。

一位名牌大学毕业生小张在参加工作以后，因为工作业绩优异，深受领导倚重，导致其个人优越感十分强烈，在公司不懂得尊重同事，成天一副傲娇的嘴脸，平日里还经常让一些同事帮忙干一些复印文件、订餐等之类的小事。

有一次，快下班的时候，小张受同事的请求，让帮忙完成一件手头未做完的工作，因为同事要急着去火车站接乡下来的母亲。同事说他的母亲是从乡下第一次来北京，如果没人去接的话，很可能会迷路。但小张一口便回绝了同事的请求，还谎称自己有约了。

直到有一天，小张要出门办事，需要带一个同事来配合做一些小事，他便在公司大声问道："谁愿意同我一起去？"结果无人应答，没有人愿意同小张去办事。小张这才意识到原来自己的人缘这么差。

小张平时喜欢麻烦别人，而在别人需要帮助的时候，又不能给予别人帮助，这样的人自然得不到别人的喜欢。其实，帮助他人就是在帮助自己，谁都有需要他人帮忙的时候，如果在他人需要帮助的时候你没有伸出援手，那么当你陷入困境的时候，你也没有资格向别人求助。

在人际交往过程中，如果总是盲目自大，以自我为中心，不考虑别人的利益，只关心自己的利益，那么就会阻碍人际关系的发展。只有懂得用平等的心态去对待他人，维持相互之间的收支平衡，才能维持好彼此之间的关系。

看似在付出，其实付出就等于收获

第一次世界大战的时候，德国有一种特种兵专门担任特殊的任务，就是想办法打入敌军阵地，把敌军的俘虏抓回来进行严格审讯。由于当时他们在打壕堑战，而这种情势对于特种兵来说，想要大队人马穿过两军对垒的无人区那是不可能的，但是如果是一个士兵悄悄溜进敌人的战壕，成功的概率就会大一些。参战双方都有这样的特种兵，执行任务。

有一个德军的特种兵因为曾多次完成这样的任务，所以这次又接到了任务。他像往常一样，悄无声息地打入了敌人的战壕。这个时候，正好有一个落单的士兵在吃东西，所以一下子就被这个特种兵抓到了。士兵的手中还拿着没有吃完的面包，本能使他把面包递给了对面的人，没有想到这个举动却形成了另一种局面。特种兵被这突如其来的举动打动了，于是他做了一个决定：没有把这个士兵带回去，自己走了，即使他早已料到后果，长官会因他的失误而发火。

但是，在特种兵的内心里，他会认为既然别人给了自己好处，就应该要学会回报对方，面包虽小，但是能充分突显出对方对自己的善意。所以，即使挨处分，他也不会去抓一个对自己好的人。而这个举动对于那个士兵来说，虽然他把面包给了别人，但是这种付出却是救了自己。

在进行人际交往的过程中，也是同样的道理，付出即是收获，当你对别人付出多少时，就意味着将来你会得到多少，甚至是得到更多。

跷跷板效应不仅适用于日常生活，也适用于职场社交。其实，人的一生就像在跷跷板上行走一样，无论何时，都需要从低的那头走到高的那头，每一步都充满挑战，由于越往高处走，就越难把握平衡，所以当你感觉自己越来越高时，那代表已经在走下坡路了。因为，人生的平衡点，其实就在人生最高处，所以，适当地把握好收支平衡，就相当于是握着一把处理人际关系的钥匙。

第九章

勇于博弈：用心理战以弱胜强

枪手博弈：最先死的不一定是弱者

"枪手博弈"，大致讲述的是这样一个场景：甲乙丙三个枪手要进行决斗，其中甲的枪法最好，十发八中；乙的枪法次之，十发六中；丙的枪法最差，十发四中。假设他们了解彼此的实力，也都能做出理性判断。那么，如果三人同时开枪，并且每人只能发一枪，那么第一轮枪战后，谁活下来的机会最大？会是枪法最好的甲吗？

我们先来看一下各自的最佳策略：对甲来说，乙的威胁要比丙大，那么他应该首先干掉乙；对乙来说，甲的威胁比丙大，一旦他将甲干掉了，再和丙进行对决的胜算会大很多；对丙来说，甲的威胁更大些，先努力干掉甲，再想如何对付乙。

知道了甲乙丙的最佳策略，我们来看下他们各自存活的概率：

若甲存活，那就说明乙和丙都射偏。乙命中率60%，射偏概率是40%；丙命中率40%，射偏概率是60%。那么两人都射偏的概率就是40%×60%=24%，这就是甲存活的概率。

若乙存活，那就说明甲射偏。甲命中率80%，射偏概率是20%，这就是乙存活的概率。若丙存活，由于第一轮里没有人将枪口指向丙，所以丙存活的概率是100%。

通过以上分析可以看出，第一轮枪战，竟然是枪法最差的丙存活下来了。不过，上述推理有一个重要的假设条件，那就是三个人都了解彼此的实力。

以上就是非常经典的"三个火枪手"的博弈论模型，它带给我们的启示是：如果你是实力最弱的丙，那么想要战胜强敌甲几乎是没有胜算，所以，这个时候就需要拉拢另外一个强敌乙进来，把两方决斗变成三方决斗，打乱局势，扭转对自己不利的局面。

联合抗敌，确保利益最大化

大家熟知的赤壁之战就是"枪手博弈"的一个很典型的例子。三方的最终目标都是统一全国，而三国的最优策略应该是首先攻击最强的对手。那时，曹操是势力最强的一方，而孙权居中，刘备是最弱的一方。为了能够抵抗曹操的势力，孙权和刘备只能联起手来，从而保证获胜的概率相对大一些。在联手过程中，孙权出力最多。《三国演义》过于夸大了诸葛亮对赤壁之战做出的贡献，实际上，当时孙刘联军的统帅是周瑜，也就是说周瑜在赤壁之战的功劳远大于诸葛亮。

可见，曹操是枪法最好的火枪手，孙权次之，刘备最差。所以，对于处于弱势的孙权和刘备来说，联合才是最佳策略。刘备被曹操打得几乎无落脚之地而投奔孙权，诸葛亮提出联吴抗曹。如果孙权不联合刘备，最终必将被曹操所灭。双方联合之后，势力也许仍然不及曹操，但也不至于立刻就会被曹操所灭。在这个过程中，如果通过双方的努力胜算也会增加，还有可能会击败曹操。

所以，他们的合作，是枪手博弈的最佳选择，也就是次等枪手和最差枪手都会把枪指向最好的枪手，以维护己方的利益最大化。枪手博弈告诉我们，实力最强者未必就有绝对的优势，而实力最弱者也未必就处于绝对劣势。只有合作才能对抗强敌，当实力较弱时，最好的选择就是让自己不陷入斗争中。

实力不够，尝试使用借力打力

在商业竞争中，如果你的实力不够，又没有出手必胜的撒手锏，那如何从激烈的竞争中脱颖而出呢？下面的案例对你也许会有所启发。

美国鲑鱼市场主要有红鲑鱼和粉红鲑鱼两个品种的鲑鱼，由于两者之间的竞争十分激烈，所以多年来一直难分胜负。

刚开始的时候，粉红鲑鱼的销售值总是占据市场的霸主地位，无论是知名度、销售额还是利润都是红鲑鱼的销售商所没法比的，因此，面对这种不利局面，红鲑鱼的销售商心急如焚，寻找解决方法，于是给他们的推销员下达了调整期限，3个月内必须改变目前的这种差距。

没想到3个月过后，出现了令人惊奇的结果，红鲑鱼的销量竟然超过了粉红鲑鱼。原来是推销员改变了以往的宣传口号，从自我夸耀的形式转变成了"正宗挪威红鲑鱼，保证不会变成粉红"！

这个红鲑鱼销售量超过粉红鲑鱼的事例，就是巧妙借力打力得到的一种好处，因为有时候发生正面对碰，还不如巧妙借对方之名大做文章，也许会得到意想不到的结果。

由此可见，这种借力打力的运用范围较广，也可以进一步运用于博弈场上。如果发现自己的力量根本不足以和对方进行抗争时，就要善于借助别人的力量来对付对方，在保护自己不受伤害的前提下，使自己暗中获利。

其实，"借"的内容比较广泛，可以借资金、借人才、借技术，等等。但无论是借钱还是借力，甚至于借助对手之名，只要借得合适，借得巧妙，都会帮助你取胜。若是不知道借力，即便有再强的实力也无法成为胜利者。所以，对于弱者而言，要想在激烈的竞争中占有一席落脚之地，只有巧妙地借助于其他人的力量，实行借力打力，只有这样才能避开沉重的打击而保存自己，最终获得博弈的胜利。

由此可见，枪手博弈模型生动地演绎了"弱者逆袭"的全过程，告诉我们强者并不是总能以强凌弱，弱者也未必第一个先死，胜利有机会属于直面挑战但实力稍逊的一方。正所谓"木秀于林，风必摧之"，在关系错综复杂的多人博弈中，参与者最后能否胜出不仅取决于他自身实力的强弱，更重要的是看他在分析了各方实力的对比关系之后，能否做出正确的策略选择。

囚徒困境：个人最佳选择并非团体最佳选择

1950年，美国兰德公司的梅里尔·弗勒德和梅尔文·德雷希尔拟定出了相关困境的理论，后来由顾问艾伯特·塔克以囚徒的方式来做了相关的深刻阐述，并进一步命名为"囚徒困境"。

囚徒困境主要讲了一则这样的故事：警察抓到了两个犯罪嫌疑人之后，把他们分别关在不同的屋子里进行审讯。警察知道这两人都有罪，只不过目前他们没有充足的证据。于是，警察就和两个犯罪嫌疑人说，如果他们两人都不认罪并且抵赖的话，那么就会各判刑一年；如果两人都对罪行进行坦白，那么就会各判八年；如果两人中有一个坦白但是另一个却抵赖，那么坦白的那个会被释放，而抵赖的会被关十年。

警察说的三种情形让每个囚徒都会面临两种选择，要么坦白要么抵赖。然而，这三种情形相比之下，不论同伙怎么进行选择，对于他俩来说，最好的选择就是坦白。结果，两个犯罪嫌疑人都选择了进行坦白，于是他们被各判刑八年。如果试想一下，当时的两人都不愿意坦白，而是抵赖，那么就会各判一年，显然，这个结果更好。所以，囚徒困境是博弈论中非零和博弈的代表性的例子，它所反映出的深刻问题是，有时候个人做出的最佳选择并非是团体的最佳选择。

看似理性，其实聪明反被聪明误

一个商人在去国外采购货物的过程中，遇到甲乙两个供货商，他们为了能够从中获得最高利润，于是达成一致协议，把货物同时提价。商人考虑一番，通知他们只能在原计划的基础上买一半的货，所以谁的价格公道就选择谁，并让有意向合作的人尽快给他回电话。

现在，问题回到甲乙两个供货商这里，如果他们继续合作，在不降价的基础上各出一半货物，显然他们照样能够保证利润的最大化，但是，换个角度来想的话，如果甲方不敢保证乙方肯定不会给商人打电话并降价，乙方卖掉货物后能够得到丰厚的酬金，那么他的货物就会卖不出去，同时，乙方说不定也会有这样的想法。所以，甲方决定先下手为强，说不准乙方不肯降价，这样他就可以把全部货物出售并得到高利润了。

于是，自认为降价就是自己优势选择的甲方立刻打电话给商人，说愿意降价做成这笔生意。商人说，乙刚刚已经降价了，他们正准备和乙签协议。甲忙不迭地说，我的价格还可以比乙降得更低一些……结果，商人以极低的价格成功购买了两人的货物，顺利地完成了任务，而对于甲乙双方而言，却并没有赚取到多少利润。

甲乙双方站在自己的立场上通过理性分析，都选择了认为对自己有利的降价策略，双方都以为自己很聪明，其实在这场价格战中双方自认为的理性分析，其实是"聪明反被聪明误"的表现，最终的受益者不是甲乙中的任何一方，而是商人。

生活中，面对博弈的情形比比皆是。如果在博弈中，参与者能够学会估计其他参与者背叛的可能性，那么，他们自身的行为就会被他们关于其他人的经验所影响。简单的统计显示，总体而言，那些较为缺乏经验的参与者与其他参与者的互动，通常有两种情况，第一种是典型的好，第二种是典型的坏。如果他们在这些经验的基础上行动的话，他们很可能会在未来的交易中致使利益受损。但是随着经验的逐渐丰富，他们获得了对背叛可能性的更真实的印象，会变得更成熟，也能够更成功地参与博弈。需要注意的是，如果人的自私不改变的话，囚徒困境还会一直存在，永远都达不到双方利益的最大化。所以，一定要记住，怀疑或不信任只会导致全输，合作才能实现双赢。即使处于博弈中，也要注重合作，要善于换位思考，最终做出真正的最优策略的选择，千万不要"聪明反被聪明误"，因一方看似理性的选择而导致双方的非理性行为。

刺猬法则：保持恰当的距离

生物学家为了能够进一步研究刺猬在度过寒冷的冬天时到底拥有怎样的生活习性，特意去做了一个实验：他先是在户外找到了一片空地，然后把十几只刺猬同时放了出去，由于当时的天气十分寒冷，这些刺猬没过多久就开始被冻得浑身发抖。为了取暖，它们互相靠近凑到了一起，但是因为靠拢在一起太紧密，时间一长它们就会无法忍受彼此身上的长刺，所以很快又分开保持一定的距离了。但是，由于天气实在太冷了，它们过一会儿只好又紧紧地靠在了一起。

就这样，它们来回聚了分、分了聚，直到最后，终于找到一种彼此之间合适的取暖距离，既能彼此进行取暖，又不会让身上的长刺扎到对方。

这就是著名的"刺猬法则"，在人际交往过程中也被称为"心理距离效应"。它旨在强调，在人际交往过程中，随时应该保持一种恰当的距离，这种法则在管理中极为有效。

亲密有间，有效降低工作风险

法国的总统戴高乐有一句座右铭："保持一定的距离！"他对"刺猬法则"的运用十分巧妙。在他担任总统的十多年时间里，不论是他的秘书处、办公厅还是私人参谋部等顾问和智囊机构，几乎没有哪个职位的工作者工作年限能够超过两年的，这就是他制定的明确规定。

他认为，定期进行一些适度的调动，有时候往往要比保持固定的状态更正常，因为这种模式就像部队里一样，他们采用的就是一种流动形势；还有一点，就是他不允许身边永远有离不开的人，可见，戴高乐是一个靠自己的思维和决断来生存的领袖。

时刻做到保持适当的距离，不仅能够进一步保证顾问和参谋的思维、决断一直具有新鲜感并充满朝气，而且还能在很大程度上杜绝年久的顾问和参谋利用总统的名义进行营私舞弊。

戴高乐的做法非常值得人们深思和敬佩。因此，保持适当的距离还是非常重要的。

疏密有致，有效提高工作业绩

很多人都知道通用电气公司有着门户开放的政策以及温馨的企业文化，但是即便如此，前总裁也十分看重"刺猬法则"，并在工作过程中始终做到身体力行，包括对待中高层的管理者也是一样，从来不会放松。

斯诺在平时的工作场合和待遇问题上，从不会吝啬对下属们的关爱。有一次，他们的一位工程师博涅特在领工资时发现少了30美元的加班报酬，他第一时间是向他的直接领导进行反馈，然而却没有得到及时的解决，于是博涅特便给斯诺写信说了这件事情。之后，这个工程师就收到了公司补发给他的工资，同时，公司向他进行了道歉，并在《华尔街日报》上刊登了这一事件。

这样看来，虽是一件很小的事，但是足见该公司对员工的关爱程度。不过即使如此关爱公司员工，在工作之余，斯诺并不会让工作人员到自己的家里来做客，更不会接受来自他们任何人的邀请。正是和员工保持了这种适度距离的管理，使得通用的各项业务都发展得越来越好。

由此可见，领导者要搞好工作，首先应该与下属保持亲密关系，但一定要是一种"亲密有间"的关系，因为这种不远不近的关系，恰恰是最为恰当的合作关系。同时还要与下属保持一定的心理距离，这样既可以避免下属的防备和紧张情绪，也可以减少下属对自己的恭维、奉承、送礼、行贿等行为。而且这样做既可以获得下属的尊重，又能保证在工作中不丧失原则。所以，一个优秀的领导者和管理者，一定要善于运用"刺猬法则"，在工作中坚持"疏者密之，密者疏之，疏密有致"的原则，与下属保持恰当的距离，这样才能确保有效管理，有利于各项工作顺利开展。

最后通牒效应：给对手设定最后期限

大家肯定都有过这样的体验，对于不需要马上就完成的任务，总是习惯于在最后期限快要来临时，才肯全力以赴地去完成。这种现象反映出人们大多都具有一种拖拉的倾向。面对一项工作，我们总是会有这样的想法：这个工作目前还没有准备好，我需要稍后再去完成或者是今天比较忙，等明天有空再去完成它。事实上，你会一直在准备而明天永远都会很繁忙，所以某些工作就会这样被一拖再拖。但是如果这项工作已经到了不能拖的情况下，例如条件不允许或是到了规定的时间，我们就会像打了鸡血一般，工作效率将会达到惊人的程度，最后基本上也能完成任务，这种现象在心理学上就叫作"最后通牒效应"。

事实证明，通过"最后通牒效应"有利于大家提高工作效率，做个高效率的人。另外，也可以借助人们的拖沓心理，巧妙利用"最后通牒效应"，让对方在仓促之下做出决定，从而达到有利于自己的结果。

设置最后期限，做个高效人士

教育家曾经做过这样一个实验：让一个班的小学生阅读一篇课文。实验的第一阶段，没有规定时间，让他们自由阅读，结果全班平均用了8分钟才阅读完；第二阶段，规定他们必须在5分钟内读完，结果他们用了不到5分钟的时间就读完了。这一实验反映了"最后通牒效应"对人们的积极影响，也就是说这一效应有助于大家做个高效人士。

所以，在职场中，当接到领导交代的一项工作任务时，我们可以为自己设置一个时间合理的"最后通牒"，强迫自己在约定的时间内，分阶段地按时完成任务。比如我们可以将手头上所有的工作，按照轻重缓急依次分为四个类别，即重要且紧急、重要但不紧急、紧急但不重要、不紧急也不重要，然后参照这个顺序，依次处理各种事情。这样，我们在面对繁重的工作时，就可以从容不迫地将所有问题逐个击破，不至于心生畏难情绪或者因乱了阵脚而采取回避拖沓的态度。

可见，要想成为一名高效率人士，可以在事前为自己制订合理的目标，设置严格的最后期限，借助"最后通牒效应"，以确保自己能够按时完成任务。

巧用最后期限赢得谈判胜利

生活中，如果没有了最后期限的限制，人们很容易就会犯拖延症。而事实证明，一味地拖沓不但不能解决问题，反而会带来一些负面效应。所以，我们可以利用人们的拖沓心理，借机巧妙地为对手设置最后期限，以此来达到自己的目标。

美国的谈判专家柯英曾和日本某企业进行过一次谈判。两位代表日本企业的职员在机场接到柯英以后，打算把他送到已经提前预订好的宾馆去，途中，一位日本职员以询问他坐哪天的班机回去，他们好提前预订汽车为他送行为由，巧妙地得知了柯英返程的具体时间，也正是柯英的疏忽，使他在后来的谈判过程中陷入了一种被动的局面。

在前十天里，日本方面每天尽情招待他到处参观游玩，而关于谈判的重要内容却只字不提。直到最后一天，他们的谈判才真正进入了主题，可是在他们谈到最重要的问题时，来接柯英去机场的小轿车却已经等在门口了。

于是，迫于无奈，谈判只好在车里进行，直到柯英临上飞机的那一刻，才最终达成了谈判的协议。可知，这次在匆忙之下所进行的谈判结果自是对美方非常不利，而对日本人来说，则大获全胜。

心理学上认为，人们之所以拖拉，因为来自内心的恐惧。而要想真正把这种恐惧去除，只能合理地借助"最后通牒效应"进行改变，只有这样，才不至于使自己到最后关头拼命地赶，结果完不成或者影响做事的质量。

第十章

赢得财富：人人都能掌握赚钱的思维

马太效应：穷人和富人的差距在思维上

马太效应，是一则出自《圣经》的寓言：古时候，有一位国王计划去远行，临行前他将三锭银子分别送给三个仆人，并要求他们用手中的银子做生意。国王远行归来后，把三个仆人叫到身边，询问他们的收获。第一个仆人说："主人，我用一锭银子赚了十锭。"国王十分高兴，奖励给他十座城池。第二个仆人说："我赚了五锭银子。"国王点了点头，奖励给他五座城池。第三个仆人惴惴不安地说："您给我的一锭银子，我害怕弄丢了，所以一直用丝绸包着，从没有拿出来。"国王听完摇了摇头，遂命令将第三个仆人的银子赏给第一个仆人，并且说："凡有的，还要加倍给他叫他绰绰有余；没有的，那就将他所有的全部夺过来。"这个故事的寓意清楚明了：让富有的更富有，让贫穷的更贫穷。

事实上，真正的富人，不只是拥有富人的金钱，更重要的是拥有成为富人的思维。在自我认知上，穷人很少去想怎样赚钱以及如何才能赚到钱。而富人，从内心深处便坚信自己一生下来就是富人而不是穷人，他们往往拥有很强烈的赚钱意识，他们会想尽一切办法让自己变得富有。所以，如果不在思维上进行转变，穷人到哪里都是穷人，富人不管到什么境地最终都会变成富人。

穷人靠体力挣钱，富人靠脑力挣钱

有人说：穷人的闲，闲在思想，手脚却在忙；而富人的闲，闲在身体，脑袋一刻也没有闲着。有这样一个寓言故事，很好地诠释了这个道理。

从前，有个穷人在佛祖面前痛哭。他抱怨道：这个社会实在是不公平，为什么富人可以优哉游哉地过日子，而穷人就只能天天吃苦受累？佛祖答道："你觉得怎样才算是公平呢？""让富人变得和我一样穷，干一样的活才算公平。"穷人生气地说。佛祖同意了，他把一个富人变成了和穷人一样穷的人，并给了他们每人一座煤山，每天挖出来的煤可以拉到集市上卖掉，限期一个月内挖光。于是，穷人和富人一起开始挖。穷人习惯于做力气活，很快就挖了一车煤，卖了钱以后，他用这些钱全买了好吃好喝的。富人从来没干过体力活，忙了一整天才勉强挖了一车，卖掉煤，他用换来的钱买了几个馒头，剩下的钱都存了起来。第二天天一亮，穷人又早早地起来开始挖煤。富人却没有这样做，他到集市上雇了两个工人替他挖煤，自己则在一旁监督。仅仅一个上午的工夫，富人就指挥两个人挖了几车煤。富人把煤卖了，又雇了几个挖煤的工人……一个月过去了，穷人只挖了煤山的一角，每天换来的钱被他花得一干二净，一点剩余都没有。而富人指挥工人把煤山挖光了，赚了不少钱，他用这笔钱投资做起了生意，很快又成为富人。

所以说，穷人有穷人的思维方式，富人有富人的思维方式。而思维方式的不同，导致了他们现实生活上的不同。

穷人靠节省攒钱，富人靠花钱赚钱

如果你很穷会想到怎么做？大部分人会想到努力赚钱，减少开支能省则省，多攒钱少开支。如果你也这样想，那我告诉你这种做法只会让你在贫穷的泥沼里越陷越深。

穷人是最怕负债的人，越没钱越怕负债，越没钱越不敢负债，越不负债越没钱，越不负债越贫困。而富人是不怕负债的人，越有钱越愿意负债，越有钱越敢负债，越负债越有钱，越负债越富有。穷人精打细算，辛辛苦苦攒钱，算计的是借钱要还的利息。但是富人很喜欢借钱，非常喜欢跟银行借钱，一个人的富裕程度是和他的负债成正比，越有钱的人欠钱也越多。富人喜欢借钱是因为他们有信心赚回来十倍百倍，他们更愿意从银行借出更多钱流通为他们创造更多的财富。一定程度的负债，也会刺激他们赚钱，他们更愿意不断地提升自己的思维和认知水平，而不是靠攒钱来推动事业。穷人刚好相反，他们喜欢攒钱，买什么都喜欢全款，很多人花光父母辛辛苦苦一辈子的血汗钱。有的人即使贷款几十万元买房子，父母也会催着他们赶紧还银行的钱，因为几十万元的利息不少。但是他们忘了，钱一直都是在贬值的，比如当年你买个房子每月500元的利息，在当时很贵了，而今天已经不值一提。富人更懂得让钱流通，而不是攒在手里等着贬值。除非你已有数百万在银行，单靠利息也可过活，不然事实上攒钱是不可能致富的。

穷人之所以穷，是因为他们总是想"我现在没有钱，根本不可能赚到钱"。其实，这只是逃避和懦弱的表现。为什么富人花钱总是花得特别过瘾还痛快，因为他们知道能花就能挣；为什么穷人花钱花得那么惆怅和心痛，因为他们总觉得钱越花越少要靠节省来攒钱。可见，要赚钱就要有头脑，就要多思考怎么才能让钱生钱，而不是把钱攥在手里坐等贬值。所以，穷人要想变成富人，首先要改变自己的思维。

韦特莱法则：在赚钱这件事上要敢想敢做

美国管理学家韦特莱曾经说过这样一句话："成功人士所从事的工作，是绝大多数人不愿意去做的。"这便是著名的"韦特莱法则"，很多人也将其称为"成功法则"，因为它揭示了成功者必须具备的两项素质：不仅要敢想敢干，还要鼓足勇气去做其他人不愿去做的事。

"韦特莱法则"在我们的日常生活中又有哪些体现呢？如果我们仔细观察，就不难发现，穷人与富人两者最大的差别就体现在赚钱这件事上，穷人往往思想保守、不思进取，只想老老实实地挣辛苦钱；而富人却敢想敢干，敢于做其他人不愿去做的事情，所以更容易获得成功，赚到大钱。

敢想敢干才能创造辉煌

许多人都听说过这样一句话："思想有多远，你就能走多远。"

这句话的意思是说，先要敢想，才能敢做，敢想才有未来，敢做才能成功。人生就像是一座"梦工厂"，没有大胆的想法，就不可能有卓越的作为，在赚钱这件事上尤其如此。

1999年，蔡崇信任职的Invester AB计划参与阿里巴巴的增资，这是蔡崇信和马云的"第一次接触"。没想到，几次交谈下来，蔡崇信对阿里巴巴青睐有加，于是，他毅然决然地辞去了年薪580万元的高管职位，参与到阿里巴巴的项目中来。

要知道，当时的阿里巴巴还只是一家"钱"景堪忧的网络公司。所以，能够得到外资蔡崇信的青睐，马云一时间也显得手足无措，还不太敢接受，直说只付得起人民币500元的月薪，因为他不相信可以请得起"年薪几百万"的蔡崇信。另外，蔡崇信的决定也遭到了家人的强烈反对，但是他还是果断而坚定地加入了这个尚在起步阶段的团队。

为了一个还在萌芽阶段的事业，放弃百万年薪，接受微薄的薪水，这在常人的眼里是难以置信的事情，相信一般人都不愿意付出这样的代价。然而，蔡崇信还是义无反顾地做了，最终，他也取得了常人少有的成功：在2015年福布斯华人富豪榜中，已成为阿里巴巴集团董事局执行副主席的蔡崇信以59亿美元（376亿元人民币）身价名列第38位。

在常人看来，蔡崇信的做法似乎有些疯狂和不理智，但事实证明，在赚钱这件事上，他的想法和做法都非常明智。如果不是他敢想敢干舍得当初的"小"钱，又怎么会拥有后来的"大"钱呢？所以，面对赚钱的商机，不敢做决定，怕冒险、怕失败、怕吃亏、怕上当，最后反而吃了更大的亏。有时候就是这样，生活中的机遇可遇不可求，只要你敢想敢做，就有可能成功，如果你连想都不敢想，又何谈去做，又怎么可能取得成功呢？

要敢于做别人不愿做的事

面对未知的机遇或挑战，通常多数人的做法是采取保守战略，很少人会选择去冒险。这也是为什么只有少数人可以取得成功的很重要的一点。其实，多数人都想做的事，一定会竞争激烈，相对来讲机会就会很少，而别人都不愿意做的事，竞争者相对也较少，而成功的机会相对来说概率就会更高。同理，在赚钱这件事上，谁更愿意做别人都不愿意做的事，相对来说谁就更容易赚到钱。也正是明白了这一点，只有小学学历的王永庆才能够取得让人刮目相看的成就。

王永庆小学毕业后，便来到别人开的一家米店做学徒。没过多久，王永庆就用从父亲那里借来的200元钱开了一家自己的米店。那时大米加工技术比较粗糙，因此出售的大米里经常掺杂着沙粒、小石子等杂物，这在那时被认为是一件习以为常的事。但王永庆却坚持在每次卖米前都把米中的杂物挑拣干净。更重要的是，在当时其他米店都不提供上门服务的时候，王永庆不仅送米上门，而且还会详细记录下顾客的家庭人数、一个月的吃米量、发薪时间等。每当顾客的米快要吃完了，他就送米上门；等到顾客发工资的日子，他再上门收取米款。值得一提的是，他给顾客送米并非把米送到顾客家就走。如果顾客家的米缸里还有剩余的陈米，他就把陈米倒出来，将米缸内部重新擦干净，然后再将新米倒进去，最后再把旧米倒在最上层，这样做是为了不让陈米因为放置过久而变质。正是由于王永庆这个小小的举动，令顾客深受感动。从此以后，他的生意发展得越来越好，最终使他成为台湾工业界的"龙头老大"。

王永庆走上致富之路的关键就在于愿意做别人不愿意做的事。其实，每个人的致富之路上都会充满运气和财气，但只有利用自己的敏锐的头脑充分挖掘蕴藏在生活中的运气，把运气变成财气，才能够获得财富。

事实上，所谓的成功者，与其他人与众不同的一点就在于，别人不愿意去做的事，他勇敢地去做了，并且全身心地投入进去。而其他人所缺少的，就是成功者一往无前的敢想敢做的勇气。而这一点与"韦特莱法则"所引申出来的含义不谋而合：先要敢想，才能敢做，只有敢想敢做，才能成就一番不同凡响的、属于自己的事业，最终成为佼佼者，拥有令人艳羡的财富。

复利效应：用现有的钱去赚更多的钱

复利，指的是与单利相对应的一种经济概念。与单利的计算不同，复利的计算需要把利息并入本金中重复计息。恰恰就是因为利息这一点细微的差异，日积月累，就会产生你意想不到的结果。

如果你手里有1万元，每年的投资收益率是25%。如果按照单利来计算，3年后，你可以赚到7500元钱。但是，如果你把每年赚到的钱用于再投资，那么3年后你就可以赚到9531元钱。而这多赚的2000多元，就是你在这3年里用钱"生"出来的钱。

仅从3年时间来看，复利与单利相比差额并不太大。可时间一长，两者之间的差异就会凸显出来。30年后，如果是复利，最初的那1万元就会变成800多万元；而用单利计算的话，就只有8万多元。

可见，所谓的复利，就是随着时间的推移，本金呈指数形式增长，而利率越高，本金翻倍的速度越快。所以，如果能让复利的车轮转起来，钱就可以自动生钱。所以，在经济情况许可的情况下，投资的时间价值会给你的资本带来增值，而这种价值的增长是相当轻松和聪明的，它可以让你用现有的钱赚到更多的钱。

借助复利效应实现财富滚雪球

说起复利效应，很难绕过股神巴菲特的传奇经历。1941年，11岁的巴菲特看到了一本《赚1000美元的1000招》的书。这本书告诉他，如果以1000美元起家，每年按照10%增长的话，5年内会变成1600多美元，10年会变成2600美元，25年内将超过10800美元。就像雪球滚过雪道而逐渐变大的道理一样，这是巴菲特第一次与复利亲密接触，并深受启发。

其实，大家常说的理财，也是通过时间的积累，让钱生钱，确保财富的保值增值，从而保障未来更有品质的生活。那么，为什么会产生复利效应呢？其实原因很简单，就是因为复利是把利息部分也合并到本金里以后再进行投资的。

假设某先生有1万元，他打算拿这笔钱做长期投资。如果按照年收益率5%进行计算的话，每年他把利息部分和本金部分一起继续投资，那么他的收益将是这样的：在第15年的时候，该先生的1万元就会翻2倍，变成2万元；第30年的时候，1万元就会变成4.3万元，也就是翻了4倍多。

相信很多人比这位先生的钱多得多，那么只要能够保证5%的年收益率，就可以在第30年的时候轻松得到翻4倍的本金+收益。

显然，股神巴菲特早就参透了复利效应的真谛，他曾经用这样一句话来总结自己的成功经验："人生就像是滚雪球，关键要找寻到很湿的雪和很长的坡。"其实巴菲特是用滚雪球比喻通过复利的长期作用实现巨大财富的积累；雪很湿，比喻年收益率很高；坡很长，比喻复利增值的时间很长。可见，股神巴菲特的资产雪球之所以能够越滚越大，是因为他有足够的本金，本金越大，复利的威力就越大，收益也越大，同时也因为他找到了10%以上的年收益率的投资渠道，另外再加上充裕的时间和足够的耐心，从而让复利的车轮越转越快，实现财富的飞快增长。

及早投资，用现有的钱赚更多的钱

世界上的钱有很多种类型：勤快的钱、懒惰的钱、呆滞不动的傻钱、能够快速增值的聪明钱……勤快的钱能够为你积累财富，懒惰的钱只会让你丢掉老本；呆滞不动的傻钱没有任何用处，而聪明的钱最受人欢迎。那么，什么样的钱才算是聪明的钱呢？毫无疑问，钱生钱才是最聪明的赚钱之道。

有一次，洛克菲勒请一对兄弟为他的公司修建仓库。仓库修好后这对兄弟去领工资，洛克菲勒对他们讲："你们想不想让钱替你们工作？如果你们手中有了钱，一定会很快花光，与其这样，倒不如把它换成我们公司的股票，你们觉得怎么样？"

哥哥当场表示同意。但是，弟弟却坚持要领现款。

没过多久，弟弟就花光了所有的钱，而哥哥的股票不断上涨，赚了很多钱，哥哥又将赚到的钱作为本金继续买入公司的股票。结果，洛克菲勒的公司不停地赚钱，哥哥的财富也在不停地增长。

哥哥是比较有先见之明的，用现有的钱选择了投资，最终依靠复利效应让"钱生钱"，最后毫不费力地就赚到了更多的钱。

需要注意的是，只有当时间和复利共同发挥作用的时候，才能发挥最大的威力，也就是说投资的先后影响赚钱的多少。所以，当你知道了复利这回事儿的时候，不要忽略时间，及早投资，能够帮你取得更加客观的收益。

试想一下：甲和乙两个人，甲从24岁开始每年固定投资1万元，直到60岁，每年按照10%的复利增长。乙从34岁开始投资，为了弥补比甲少投资的10年，他决定每年存2万元，按照10%的复利计算到60岁。那么，最后谁赚的钱更多呢？毫无疑问，一定是从24岁开始投资的甲。

可见，只有尽早开始投资，才能够让金钱快速地增长。其实，投资理财并没有那么难，就是要量入为出，尽快地积累起投资的资本，然后尽可能地早做投资，哪怕是有限的收益率，假以时日，同样能够赚到更多的钱。

复利，是一个被爱因斯坦称为世界第八大奇迹的东西，他的威力是每个人都向往的，尤其是通过投资，借助复利来实现利滚利、钱生钱。俗话说：人有两只脚，钱有四只脚，钱追钱比人追钱要快得多。其实，有时候理财就像是在精心耕作，重要的是你能够在恰当的时间选择最高效的投资方式。所以，从现在开始，请珍惜自己的每1元钱，将其视为1粒金钱种子，然后把金钱种子精心播种在你所选择的适宜的土壤里，相信用不了多久，借助复利效应，你将会收获一座美丽的财富花园。

二八定律：只做收益最大的事情

在社会上，既有富人，也有穷人。富人占少数，穷人占多数。他们两者的比例一般是20：80。即使在某些特定时期社会上出现财富均衡，但最终也会向这一比例靠拢。这种现象被称为"二八定律"。

二八定律，是意大利经济学家帕累托发现的，所以又称为帕累托定律。1897年，意大利的一位经济学者在研究19世纪英国人的财富和收益状况时，发现英国大多数的社会财富最终都流向了少数人手里。同时，该学者还从较早的历史资料中发现，在其他国家，这种奇妙的关系一再出现，而且在数学上表现为一种稳定的关系。于是，帕累托通过对大量具体事实的研究，终于发现：社会上20%的人占有着80%的社会财富。他又将这个结论类推到其他事物：在任何一组东西中，最重要的部分只占整体的一小部分，约占20%，其余80%虽然是多数，却是次要的部分，即重要因素占20%，不重要因素占80%，20%的重要因素对全局起决定性的作用。

抓好20%的关键就能把控全局

如果我们深刻地理解二八定律，就能够知道企业中20%的产品会创造80%的利润，那么针对这20%的产品我们就要投入80%的资源。进一步思考，就会知道一个公司20%的人起着80%的作用，针对这部分人群也要消耗80%的精力与资源进行整合。这样我们就能用最优质的资源抓住少量的关键因素，从而把控全局。

一组世界各国银行结构的对比数据，能够很清晰地印证二八定律：在任何一家银行的存款总额中，有80%的存款源于20%的大储户，而其他80%的储户只能提供吸储总额的20%。

投资同样如此，80%的投资利润来自20%的交易数，其余80%的交易数却只能带来20%的投资利润。所以，投资者需要将80%的资金和精力投入最关键的20%的投资和交易上。

所以，二八定律告诉我们，不要平均地分析和处理问题，要学会抓住关键的少数；要找出那些能够给企业带来80%利润，总量却仅占20%的关键客户，通过加强服务以达到事半功倍的效果，从而稳定整个企业的全局。

以最小投入获得最大收益

巴菲特管理的伯克希尔公司股票投资规模有1300亿美元，也就是超过8500亿人民币。他总共持有49只股票，而前10大重仓股的仓位比例就已经占据了84%。可见，在这49只持股中，前10大股票占20%，仓位比例84%，完全符合二八定律。这就是投资二八定律，这也是巴菲特投资成功的关键：少数股票占大部分仓位，集中投资，少就是多，换句话说就是，巴菲特只做收益最大的事情。

有人可能会好奇巴菲特是怎么从美国7000多家公司里面找到自己投资的那49家公司。其实，他主要用了三步：先从7000家公司里面找到20%业绩持续增长的优秀公司，共有1400家；然后从1400家公司里面找到20%高素质高能力企业经理人，共有280家；最后从280家公司里面找到20%股票相对合理或者低估的股票，共有56家。那些具有高增长的企业，又有好的企业管理人，股票价格相对还比较合理地从7000多家减少到56家，再从56家中找到最最看好的20%的公司股票投入80%的资金，这样就能验证我们上面提到的那组数据。

股神确实投资有道，但是这种智慧在公司的项目投资上也能收到丰厚的回报。比如在一家公司里，最赚钱的项目是A项目，这个项目可以给你赚20万元，如果再投入一倍的精力在这个项目上，有可能给你赚40万元。因此，可以加大对A项目的投入。至于最不赚钱的B项目和C项目，你可以砍掉这两个项目，不要让它们牵扯你宝贵的时间、精力和金钱，或者把这两个项目转手给别人，你占少量股份就行。在这种情况下，虽然你总的投入时间没有增加，但赚的钱却翻了几倍，而你做的也只是运用二八定律，对其进行深入思考后坚定地执行而已。

生活中，不难发现这样的现象：两个人同样是每天投入8个小时，但是产出的成果却不一样。比如员工工作8小时获得的报酬是

200元，而老板工作8小时获得的报酬可能就是2万元。所以我们说，社会上有两种人：第一种人占了总数的80％，却只拥有20％的社会财富；第二种人只占总数的20％，却掌控着80％的社会财富。造成这种现象的原因在于，第一种人总希望老板能多给他们一点钱，而将自己的一生租给第二种20％的人；第二种人则完全不同，他们一边做好手头的工作，一边在不停地观察和思考着这个瞬息万变的世界，他们懂得什么时间应该做什么事，于是第一种人总在替他们打工。老实讲，没有人想成为一个一事无成的人，每个人都希望自己能够成为那令人羡慕的第二种人。所以，我们要充分利用二八定律，抓住对自己最有利的20％的关键资源，创造80％的利润，这样才能以四两拨千斤的优势利用最小的投入赢得最大的回报。

沃尔森法则：想要赚钱，就要对信息保持敏感

在市场竞争中，人们经常会提起"沃尔森法则"。这一法则的含义就是：将信息和情报放在首位，金钱就会源源不断地进入你的口袋。

很多成功的企业家对沃尔森法则，可谓深有感触，毕竟想要在这个瞬息万变的市场环境中立于不败之地，快速又精准地获取各种信息可谓至关重要。在获取到这些关键信息以后，果断地采取行动，才能出其不意，击败竞争对手。例如，日本"尿布大王"多博川在一份人口普查报告中偶然获悉，日本每年有250万婴儿出生，敏锐的他立即发现了尿布生产这个巨大的行业商机，于是他果断转变了企业的发展方向，立即投产被当时大企业不屑一顾的婴幼儿尿布，最终大获成功。由此可见，快速地获取关键信息是多么重要，而后多博川根据掌握到的信息迅速做出决策，采取相应的对策应对市场的需求同样是其取得成功不可或缺的重要因素。

诚然，在这个信息膨胀的时代，只要谁抢占了市场的先机，那么谁就拥有优先获得利益的权利。也就是说：你能得到多少利益，往往取决于你能知道多少信息。所以，想要赚钱，首先就要对信息保持足够的敏感。

以快打慢，抢占先机

对商家来说，信息是最重要的资源，谁掌握的信息又多又准确，谁就有了制胜的先机。上海表能够一枝独秀就得益于此。

1988年的一个春季，在山东省济南市召开了一次全国钟表订货会，会上各大钟表商家云集，各类钟表琳琅满目。可是，让人意想不到的是在订货会刚开始的两天时间里，很多商家的做法都是只看货问价却不出手下订单。然而，在第三天的一大早，上海表厂的负责人突然宣布所有上海表降价30%以上，有的品种甚至降到了50%，这一举措引起了商家们的狂热追捧，订单也纷至沓来。而其他各钟表厂的负责人对此突发状况却显得手足无措，又是开会研究应对之策，又是打电话或者以报告形式向上级领导请示。结果，这一来二去耗费了不少时间，等到最终决定降价的时候已经过去好几天了，而此时，上海表厂早把订单做得差不多了。

正是因为获取了订货商只看不买的游移态度这一重要信息，上海表厂马上想出了以降价来应对的策略，并快速付诸行动，最终以快打慢，抢占市场先机，实现了在钟表订货会上一枝独秀的局面。"天下武功，唯快不破"，商场亦是如此。上海表厂的成功就在于能够快速及时地抓住机会，并加以巧妙运用，最终实现成功。可见，只有把握住每一次机会，才能让幸运之神始终围绕在自己身边。而其他商家在市场发生变化、面临新的商机时，他们要么反应迟钝，缺乏对信息的敏感度，因此错失良机；要么墨守成规，因循守旧，最终只得把赚钱的机会拱手让人。

知己知彼，百战不殆

在与竞争对手激烈交锋的过程中，情报信息至关重要。《孙子兵法》里说："知己知彼，百战不殆。"具体来说，如果自己身处优势地位，要懂得如何做才能压制住对手，如果自己身处劣势地位，要学会看清对手的发展动向，这些都需要最准确的信息才能帮助自己采取应对措施，锁定胜局。历史上，很多优秀的企业之所以能取得成功，关键在于自身对竞争对手的全面了解以及针对其弱点所进行的战术突破的策略。精工舍钟表公司的成功就充分验证了这一点。

在20世纪60年代以前，瑞士名表行欧米茄公司独揽了历届奥运会的计时器供应权。但是，在1960年的时候，国际奥委会宣布将1964年奥运会的主办权交给日本。日本精工舍钟表公司敏锐地捕捉到了这一关键信息，他们认为这是一次对欧米茄公司发动商业进攻的绝佳机会，于是做了充分的准备，以便借机对其发动挑战。

为了全面深入地了解对手，精工舍花费重金组建了一支具有高素质的"间谍"队伍，并责成这支团队对欧米茄公司生产的计时器进行仔细的侦察。结果，他们发现欧米茄公司的计时器都属于机械表，而机械表在计时的过程中容易产生较大的误差。所以，想要战胜欧米茄，就必须减少计时器的误差。于是，精工舍迅速组织了大批研发人员，力图研发出一款误差更小的计时器。

没过多久，一款具有高精准度的计时器被研发出来了——951Ⅱ石英表。951Ⅱ石英表每天的运行误差仅为0.2秒，而欧米茄的计时器误差则在30秒以上；另外，与当时体型普遍比较笨重的计时器相比，951Ⅱ石英表的质量只有3千克，显得十分轻巧。所以，不管在计时误差上，还是在体积大小上，951Ⅱ石英表都有着无与伦比的优势。也正是这些优势，赢得了国际奥委会官员们的一致认同，国际奥委会的官员们经过一番商议，果断做出决定：将1964年奥运会的计时器供应权交给精工舍公司。在这场日本精工舍对瑞士欧米茄公司关于计时器的竞争上，精工舍大获全胜。

可见，在市场竞争中，商家要及时获取关键信息，做到知己知彼。只有全面分析对方，发现对方的弱点，才能找到应对之策，在竞争中取胜。

纵观那些成功的企业，你会发现他们的共同点就是绝不打无准备之仗，因为他们深知只有在事前对各种信息进行了解与分析，才能制定相应的对策。只有企业准确快速地获悉各种情报信息，并保持足够的敏感度，而且在获得了这些情报信息后能够果敢迅速地采取行动，及时调整产品战略，以防止产品需求的减少而带来的损失，才能锁定胜局。所以，你能得到多少，往往取决于你能知道多少；重视信息和情报，让它们为你的决策起到引领的作用；同时筛选出有价值的信息源，让它随时为你服务，你就能处于不败之地。

第十一章

完美人生：与这个世界友好相处

共生效应：你对别人好，也是对自己好

　　心理学家研究发现，自然界中存在着这样一种现象：若一棵植株单独生长在空旷的环境里，植株往往显得矮小，生长得十分缓慢；若将其与其他同类植株栽种在一起时，这棵植株的长势则十分迅速，没过多久就会根深叶茂。同类植株之间这种相互影响、相互促进的现象被心理学家称为"共生效应"。共生效应最大的特征，即共生系统中的任何一个成员都因这个系统而获得比单独生存更多的利益，或称为"1+1>2"的共生效益。

　　物以类聚，就充分体现了这个道理。生活中，那些具有相同特质而自发形成的群体中，个体之间会相互学习、相互促进，从而形成一种良性的能量传递循环，以便个体成长得更快。比如我们练习英语口语的时候，如果只是自己一个人练习，效果一般都不会尽如人意；但是如果是两个人一起练习或者加入英语角和很多人一起练，不仅可以取人之长补己之短，还能在帮助别人的同时使自己得

到提升和完善，做到共同进步。这就是"共生效应"在充分发挥作用。

和谐相处，你好我也好

其实，"共生效应"不只存在于植物之间，也存在于动物之间，比如小丑鱼和海葵，鳄鱼和牙签鸟，等等。

有一种颜色鲜艳的双锯鱼类，因其身上长有一条或两条白色条纹，所以被人们称为"小丑鱼"。这种小丑鱼因为自己那艳丽的体色，时常会给自己惹来杀身之祸。而海葵属于无脊椎动物中的腔肠动物，所以它常常会因行动缓慢、难以取食，而经常饿肚子。但是海葵的触手中含有有毒的刺细胞，这使得很多海洋动物都难以接近它。因此，长久以来，小丑鱼与海葵彼此间达成这样一个共识：小丑鱼凭借着海葵的保护，可以免受其他大鱼的袭击；小丑鱼可以吃海葵吃剩的食物；小丑鱼能在海葵的触手丛里筑巢、产卵。而对海葵来说，小丑鱼在身边自由活动增加了其他鱼类靠近海葵的机会，海葵得以更加顺利地捕食；小丑鱼亦帮助海葵除去其坏死的组织及寄生虫；小丑鱼的游动还可减少残屑沉淀至海葵丛中。

鳄鱼和牙签鸟的故事也是一种"共生效应"。从前在美丽的湖边住着一条鳄鱼，因为它有一张超级无敌大的嘴以及两排锋利的牙齿，长相十分凶恶，所以没有小动物愿意和它一起玩耍。有一天，鳄鱼在吃完午饭后有一块肉塞在牙缝里十分难受，但是凭借自己的小短手又够不着。于是，它着急地四处找小动物帮忙，但是它们都不愿意。这时飞来一只小鸟说："我来帮你吧。"只见鳄鱼乖乖地张开嘴巴，小鸟飞进它的嘴里将塞在它牙缝里的肉块儿一点一点地啄食干净。从此鳄鱼和小鸟就成了一对好朋友，每次鳄鱼都会找小鸟来帮忙剔牙，后来人们把这种鸟就叫作"牙签鸟"。

可见，在小丑鱼和海葵以及鳄鱼和牙签鸟之间互相帮助、互惠互利的和谐相处中，真正实现了"共生"，对彼此都有好处，二者各获其利。

与优秀的人"共生"实现双赢

"如果你不够优秀，那就跟优秀的人做朋友。"犹太经典《塔木德》里有这样一句名言：和狼生活在一起，你只能学会嚎叫；和优秀的人做朋友，你能受到良好的影响。经常与优秀的人交往，他们能让你变得更加优秀。如果你已经足够优秀了，那么你应该去寻找和你同样优秀的人，你们会产生"共生效应"，取得非凡的成就。比尔·盖茨与保罗·艾伦共同创立微软公司就是绝佳的例证。

1968年，比尔·盖茨与保罗·艾伦在湖滨中学相遇，前者敬佩后者的学识，后者惊叹于前者高超的计算机能力。就这样，两人一拍即合，不仅成了生活上的好朋友，而且成了工作上的好伙伴，两人决定共同创业，并且分工明确。盖茨主要负责商业运营，他负责律师、销售员、业务谈判员及总裁等职；而艾伦对技术情有独钟，他致力于微软新技术的研发和新理念的创新。在创业的道路上两人配合默契、互相影响，形成了一种"共生效应"的良性互动，终于让微软掀起了一场改变世界的科技革命。

人们经常说，没有盖茨，就没有微软，但是，如果没有艾伦的通力配合，比尔·盖茨一个人就能取得微软今天的辉煌成就吗？恐怕会很难。比尔·盖茨曾经讲过这样一句话："你结交什么样的朋友，就决定你有什么样的命运。"换言之，你结交的人决定了你的未来。与优秀的人"共生"，被优秀的人影响，才能实现双赢。所以，请务必与优秀的人做朋友，尽可能加入优秀者的团队，让自己在良好的氛围中获得成长。从他们的经历中，你既可以学到成功的经验，也可以吸取失败的教训，这会使你变得更加优秀。

"共生"，本质上和"互利"是联系在一起的，无论是在植物界、动物界，还是在人类社会中，都诠释着这样一条真理：唯有互利才能共生。爱默生言："人生最美丽的补偿之一，就是人们真诚地帮助了别人之后，同时也帮助了自己。"所以，我们不妨与这个世界和谐相处，实现"共生共存"，因为很多时候你善待他人，其实就是善待自己。

赞美效应：让人觉得美好的力量

当我们赞美一个人时，被赞美的人在心理上会产生一种"行为塑造"，这种塑造会不断激励这个人朝着好的方向发展，最终使他真正具备人们口中所说的某些优点。正是在这种自我塑造的过程中，使每个人都能产生一种不断前行的力量。这就是心理学上所谓的"赞美效应"。

心理学家威廉·詹姆士曾说过："人类本质中最殷切的要求就是渴望被肯定。"毫无疑问，这种肯定就是来自赞美。当一个人听到别人对自己长处的真诚赞美时，就会感到十分愉快，从而让自己鼓起奋进的勇气。即使他现在还不完美，但是只要你给他充分的、恰如其分的赞美，那么在不久的将来，你就会惊喜地发现，他已经成为你想让他成为的那类人了。

相信每当自己听到别人赞扬自己的优点，都会有一种很美好的感觉，都会感觉自身价值得到了肯定。所以，被赞美、钦佩、尊重，是人类的本性所需，这如同食物和空气一样对我们来说至关重要。可见，赞美对任何人来说都是必不可少的。因为它能够给人带来一种美好的力量，使人做到尽善尽美。

赞美是一项艺术

赞美是什么？赞美是一项说话的艺术，一句话能把人说笑，也能把人说恼，正确运用这门艺术对我们至关重要，它是我们为人处世必须要明白的一个道理。拉罗什夫科说过："赞扬是一种精明、巧妙的奉承，它从不同的方面满足给予赞扬和得到赞扬的人们。"也就是说，我们在赞美他人之际，也是在对自己进行着激励。所以，生活中，我们要善于运用赞美这项艺术，因为哪怕是一句平平常常的话，有时也会产生意想不到的效果。

有这样一个小故事：甲乙两个猎人，每人猎得了两只兔子，各自回家。甲的妻子看见后，冷漠地说："你一天只打到两只小野兔，真没用！"甲猎人听后不太高兴，不由得在心里埋怨起来，你以为打猎是很容易的吗！于是第二天他故意空手而归，目的就是让妻子知道打猎并不是一件那么容易的事情。乙猎人呢？他的妻子看到他带回的两只兔子，高兴得不得了："你一天打了两只野兔，真是了不起！"乙猎人听到这话满心欢喜，心想区区两只野兔算什么，结果第二天他打了四只野兔回来。

不同的两句话竟产生了截然相反的结果。可见，赞美是一项艺术，也需要技巧。要知道，人的根本天性就是喜欢自己主动地做一些事情，而不是被动地去执行，而要想收到一个好的结果，就需要你真诚地给予赞美。因为赞美能够让他人从我们这里满足自我的心理需求。如此一来，一个人的内心感觉美好了，世界也就变得美好了。

赞美是一种激励

心理学认为，人的行为受到动机的支配，而动机随着人的心理需要而产生。一旦人渴望得到肯定的心理得到了满足，就会变得愈加积极向上。比如在训练运动员的过程中，如果教练员能够适时地对运动员所取得的训练成绩加以肯定，就可以促使运动完成训练，尤其是一直无法完成的某一高难度动作或姿势。

心理学家曾经做过这样一个实验，他把参与测试者分成4个组，在4个不同诱因引导的环境下分别完成同样的任务。第一组为激励组，每次任务完成后对测试者进行鼓励和表扬；第二组为受训组，每次任务完成后对其存在的一丁点问题都要严加批评和训斥；第三组为被忽视组，每次任务完成后不给予任何评价，只让测试者静静地听前两组受表扬和挨批评；第四组为控制组，让他们与前三组隔离，且每次任务完成后也不给予任何评价。

实验结果显示，前三组的工作成绩都比控制组优秀，激励组与受训组明显比被忽视组优秀，而激励组的成绩远超受训组，且成绩不断上升。这个实验表明：及时对工作成果给予评价，能够促进工作更优质地完成。表扬的效果要优于批评，而批评的效果比不给予评价要好。

"荣誉和成就感是人的高层次需求。"我们每个人都有自己的特长，当一个人在他所擅长的领域取得某些成就时，他就渴望得到人们的赞美。如果你能以真诚的态度赞美一个人，满足一个人的心理需求，那么任何一个人都会变得通情达理，愿意与你合作。

有时，一句赞美的话胜过一剂良药。真诚的赞美不仅来自心灵的感应，更是一种拯救。释迦牟尼曾说过："赞美他人与微笑迎人是天下成本最低的布施，何乐不为?"所以，生活中，我们要学会赞美，学会以欣赏的目光看待他人，挖掘他人身上的闪光点，然后毫不吝啬地贡献出自己的赞美之言，因为这样会让我们打开心胸，从而看到更美丽、更和谐的世界，收获更加美好的人生。

雷鲍夫法则：尊重对方，态度谦和

美国管理学家雷鲍夫通过多年研究与实际经验，总结出八条"交流沟通法则"：最重要的8个字：我承认我犯过错误；最重要的7个字：你干了一件好事；最重要的6个字：你的看法如何；最重要的5个字：咱们一起干；最重要的4个字：不妨试试；最重要的3个字：谢谢你；最重要的2个字：咱们；最重要的1个字：您。因其准确性、实用性极高，被人们推崇为"雷鲍夫法则"。

从该法则中礼貌性的语言不难看出，其核心思想就是"尊重对方，态度谦和"。不得不说，这项言简意赅的"雷鲍夫法则"，从语言交往的角度揭示了建立合作与信任的规律。所以，在我们着手建立合作与信任的时候，应该将这一法则自觉而灵活地运用到日常交流与沟通之中，相信一定会收到事半功倍的效果。

尊重对方，承认自己也犯过错

每个人都渴求得到别人的尊重，而尊重别人的底线是不伤害别人，不论这种伤害是恶意还是善意。比如在人际沟通和交往中，为了帮助别人认识到自己的错误并改正错误，有时候不得不对其提出批评。虽然这是善意的批评，但是也要注意方式。最好的方法就是在批评对方之前，首先反思一下自己，反思自己是否也犯过类似的错误，这样既能够表示出对对方足够的尊重，而且能让对方更容易改正错误。

一个人只要承认自己犯过错，就能帮助他人改正错误。美国马里兰州的克劳伦斯·周哈辛深刻地明白这个道理。所以他在处理儿子抽烟这件事情上对其表现出了足够的尊重以及较高的智慧。

一次偶然的机会，周哈辛发现自己15岁的儿子居然在学抽烟，但他并不想让儿子抽烟。"老实讲，我并不愿意让大卫学抽烟。但是我和妻子都是烟民，所以我们没有充足的理由说服大卫……"周哈辛无奈地表示，"但是，我并没有警告大卫不许抽烟，也没有吓唬他说抽烟会对身体造成多么大的危害。我只是给他讲了一个故事，一个我如何沾染上烟瘾的故事，我告诉大卫刚开始的时候我也和他一样觉得抽烟很有趣，但最终我染上了烟瘾，也危害了自己的健康。大卫听完沉思了片刻，告诉我他今后再也不抽烟了。事实证明，直到现在，他都没有再抽过烟。"

假如这位父亲像其他大多数父亲一样，发现儿子抽烟，便极尽恐吓之能事加以劝阻，我想作为当事人的儿子会很难接受，毕竟父母都没起到良好的带头作用，所以，势必会激起他的反驳。其实，如果大多数父母能够像克劳伦斯·周哈辛一样，在批评孩子之前先反思一下自身，指出自己在同样一件事情上所犯过的错误，那么孩子就会认真地考虑你所说的话，并且能够很容易地改正自己的错误。

态度谦和，事情更容易解决

日常工作和生活中，我们应该采取柔和平缓而非简单粗暴的态度与他人交谈或交代任务。常言道：满招损，谦受益。所以说，懂得谦和，是立身处世的一笔财富。而要做到谦和，并不需要惊人的异举，一言一行、一举一动就是对态度谦和最好的诠释。小时候常听"六尺巷"的典故，但那时年幼，尚不知能够写出这种句子的人究竟怀有多大的胸襟与谦德。而后伴随着成长，越发懂得在人与人之间的沟通与相处中，谦和有礼的重要性。

记得为了求证杨欧文先生的为人，有人曾访问过一位跟杨欧文先生同在一间办公室工作三年的人。据那个人讲述，在这长达三年的时间里，他从没有听到杨欧文向任何一个人说出一句直接命令的话。对待下属，杨欧文先生的态度非常谦和，其措辞也始终是建议和请求。例如，杨欧文从来没有对下属发表过强硬的言辞，他平时对人说的话通常是"你认为这样做如何呢？"，或者是"你不妨考虑一下"。当他草拟完一份文件后，他会这样问助理："你认为还有哪些需要完善的地方吗？"当他看完助理写的回执信后，他会说："也许我们这样措辞，会更妥当些。"由此可见，在日常沟通和交流中，杨欧文先生总是那么善于运用自己谦和的态度，而不是强硬的口气命令对方，所以他赢得了很好的人缘和口碑。

生活中，我们要学习杨欧文先生运用谦和的态度来处理问题，这样不仅能够带给对方平易近人的感觉，激发对方发挥主观能动性，从而优化、完善其工作内容，而且容易与对方开展真诚的合作，不会使对方产生任何反感或抗拒的情绪。所以，谦和的态度，远比命令式的蛮横口气更容易使事情得到解决。

应该说，大多数人都喜欢态度谦和的人，你谦和地对待别人，别人自然也会以谦和的态度对待你。一个谦和有礼的人，不会因为他人的修养不足而迁怒于人，而是能够始终保持着彬彬有礼的态度，对周围的人充满尊重和敬意。这样崇尚礼仪的人，别人总是能不由自主地对他产生仰慕之情，故礼尚往来，用更有礼的德行来回报他。而不能克己守礼的人呢？矛盾产生的嫌隙会越来越大，以致造成无法挽回的缺憾。所以，不妨做一个态度谦和有礼的人，多一些温和，少一点戾气，彼此尊重，给世界增添一分美好。

换位思考定律：关系紧张时，多体谅对方

　　站在对方的角度看待事情，从对方的立场出发思考问题。换位思考不但能帮助我们设身处地地理解对方，还能够给对方带来极大的好感，对方感到自己被尊重，从而愿意与自己交流和沟通。这就是"换位思考定律"。

　　生活中，我们做许多事之前都应该先换位思考一番，这是人与人之间交往的基础。唯有换位思考我们才能产生同理心，才能找到对方的需求，进而使事情解决得更加圆满、社会因此变得更加和谐而美好。

换位思考，理解方能感恩

　　将心比心，以心换心，是达成理解不可缺少的部分。它既是一种宽容和理解，也是一种体贴和关爱。在遇到不顺心事的时候，不要去埋怨，不要去指责，换个角度，换个思路，你会发现世界大不

一样。

有一次，有人请一个盲人朋友吃饭，吃得很晚，盲人朋友说很晚了准备要回去了，主人就给他点了一个灯笼，结果盲人很生气，忍不住气冲冲地对这家主人说："我本来就看不见，你还给我一个灯笼，这不是故意嘲笑我吗？"主人听后，和颜悦色地解释说："我不是要嘲笑你，是因为我在乎你，所以才给你点个灯笼。因为你看不见，但是别人看得见，这样你走在黑夜里就不用担心别人会撞到你了。"盲人听后非常感动，对朋友的举动满怀感恩之情。

从不同的角度看，就会有不同的见解，理解不同，结果就会不一样，所以，我们应该学会换位思考。在日常生活中，我们都有被"冒犯"的时候，如果我们能够站在对方的立场上换位思考，深入体察对方的内心世界，相信一定可以达成谅解，甚至生出一丝感动。

有一次听父亲讲，他去商店，走在前面的年轻女士怀中抱着孩子，却执意推开沉重的大门，一直等到他进去后才松手。当时，父亲还心想："我应该还没有老到推不开门的地步，那位女士的做法完全没有必要。"但是父亲还是礼貌性地向她道谢，女士却说："我爸爸和您的年纪差不多，我只是希望他到这种时候，也有人为他开门。"父亲说听了女士的话，他突然就理解了她的做法，而且很感动。事后，父亲感慨道："如果每个人都能像那位女士一样换位思考，那这个世界将多么美好。"

换位思考，体谅才能更和谐

一位心理学家说：人与人之间的争吵，完全可以避免，关键就在于学会换位思考，即站在对方的角度考虑问题。在我们日常的工作和生活中，经常会遇到意见不统一乃至对立的局面，此时矛盾的双方如果能本着换位思考的原则来解决问题，多站在对方的立场上思考问题，矛盾就不难得到妥善的解决。

不久前，我的一个闺密正在因结婚聘礼的事儿而犯愁。因为她的父母希望，未来的女婿不仅要对自己的女儿好，而且经济条件也要好，最好有钱有房有车。但是男方的父母则希望，未来的儿媳妇要为人贤惠，最好勤俭持家，如果不要那么多聘礼就更好了。

结果，男方的父母就认为女方父母太势利，太看重金钱；而闺密的父母也是希望自己的女儿嫁出去之后不要为柴米油盐而担心，希望女儿嫁得好。就这样，闺密的男友埋怨她为何不跟她的父母好好说说情况，虽然自己现在没钱，但是会对她好。但是我的闺密又觉得自己的父母虽然行为极端，但是也是为了自己好，自己将终生托付给男友，钱也是诚意的一种表现。就这样，双方一直胶着不下，沟通无果。可见，问题的关键就在于每个人都只站在自己的立场上思考问题，而没有站在对方的立场上进行换位思考。

其实，生活中类似问题很常见。俗话说"要以责人之心责己，要以宽己之心宽人"。现实中，如果我们遇事时都能够学会换位思考，多体谅一下对方，我相信一切问题都将迎刃而解。

在人生的旅途中，我们会遇到许许多多的烦心事，这些事不同程度地困扰着我们的身心，其实，我们大可从不同的角度看待它们，学会换位思考，这样做不仅可以给自己减轻烦恼和痛苦，同时也能够给对方减少麻烦。正如俄国地理学家克鲁泡特金所说："对人类而言，换位思考是互助的前提。"实践也同样证明，现实总会对善于"投桃"的人"报李"。学会对身边的人换位思考吧，因为，这个方法在任何时候都能够发挥出化腐朽为神奇的效果。世界如此美好，为何不放宽自己的视野？

亲和效应：大家都喜欢那个有亲和力的人

在交际应酬中，人们往往会因为彼此间存在着某种共通之处或者相似之处，从而感到彼此间更加容易接近，双方由此萌生亲近感。这种亲近感能够促使双方进一步相互接近与相互了解，这种现象被称为"亲和效应"。

研究发现，一个人的举动、表情和说话的方式，往往代表着他的素质和格调。一般来讲，具有亲和力的人更容易使周围人感到亲切，人们也愿意与之接近；相反，人们对于一脸严肃或者不苟言笑的人，一般认为这样的人很冷漠，心理上亦对其有较多排斥。由此可见，大家都喜欢接近具有亲和力的人，而不喜欢让人在心理上有距离感的人。

亲和力是一种魅力

生活中，不管是跟普通人还是跟名人，第一次见面印象的好坏，很大程度上都取决于他是否具有亲和力。只有那些真正具有亲和力的人，才能真正走进大众的心里，被众人所熟知。

芭芭拉·沃尔特斯被认为是美国最具亲和力的新闻节目主持人，也是美国历史上身价最高的主播，曾被奥普拉·温弗里称为是自己的偶像和导师。当沃尔特斯第一次踏入新闻行业时，没人想到她日后会成为新闻界一颗闪耀的新星。沃尔特斯曾这样评价自己："其实一开始我并不被其他人看好，我有浓重的口音，发音不清楚，我长得也不漂亮……但是，我能够让别人畅所欲言。"

在电视历史上，相比于其他记者，沃尔特斯采访过更多的政治家和公众人物。她采访过包括尼克松以后的所有美国总统，此外，她还采访过多位其他国家的领导人。可以说，她能够跟自己想采访的任何政治人物说上话。

"她有自己的一套方法，多年来已经练得炉火纯青，可以让受访者公开谈论自己不想说的事儿。"沃尔特斯栏目的制片人比尔格迪评价她说。那么，为什么沃尔特斯可以做得这么好呢？原因就在于她身上所具有的亲和力，让人能够对她产生一种信任感，从而放下心防对她畅所欲言。

可见，亲和力就是在交际中能够让人感觉很舒服的一种能力，可以说，这是一种顶级的人格魅力。子夏评价孔子"望之俨然，即之也温"就是这句话最好的体现。所以，不管是在人际交往中还是在工作中，具备这种亲和力魅力的人，都能够让人有种亲近感，不由得想接近，而这样的人才能受到众人的欢迎，也更容易取得成功。

以亲和力赢得人心

苏格兰社会心理学家威廉·麦独孤就曾说过："人际亲和是人的本能之一，是动物进化中的自然选择。"做一个友好亲和的人，往往在行为上表现为一句贴心的问候、一个礼貌的称呼、一个友好的微笑、一个赞同的手势，甚至是一个理解或鼓励的眼神，而这些感情全部是由人们从内心抒发出来的。做一个友好亲和的人，自己的内心必须有一种良好的愿望，那就是无论何时何地都希望他人能够像自己一样生活美满而幸福。

劳伦是位来自洛杉矶的职场女性，她穿着时髦，十分讲究品位。劳伦想要放慢生活节奏，有更多的时间来做自己喜欢的事情。于是，她搬到了美国西南部的一个小城镇。尽管她非常喜欢这个城市和当地的居民，但是她总感觉自己和周围的人格格不入，始终无法融入当地生活。最终，她的朋友指出，她的穿衣打扮和交谈方式会让当地人觉得她有些装腔作势、高人一等。从那以后，劳伦开始特意穿得比较随意，与人谈论当地发生的事情，还经常参加一些聚餐、社区服务等活动，试着让自己更加容易接近。虽然刚开始她感觉很不舒服，不习惯随意的穿着，不习惯谈论经营农场。但是，一两个月过去了，劳伦渐渐地融入了当地生活，与新邻居和新同事交流也更容易了。

这就是亲和效应的具体体现。心理学研究表明，每个人的外表都反映了他的内心，你的穿着、动作、语言、眼神都在告诉别人你是孤高的人还是友善的人。如果你表现得非常孤高，那么大家就会觉得你很难相处，就没有人愿意与你交谈了。如果你表现得非常友善，那么你会轻易地获得人心，在人际交往中更受欢迎。

因此，我们要利用亲和效应来拓宽人际交往的渠道，只要我们友好亲和地对待别人，别人才会感觉轻松而没有负担，才会消除心理戒备，才会让别人对自己产生信赖乃至依赖的感觉，这也是一种道德的力量。

第十二章

居安思危：别让小事毁了你的成功

破窗效应：千里之堤，溃于蚁穴

美国的心理学家曾做过这样一项实验：找来两辆一模一样的汽车，一辆停在加州某市的中产阶级社区，另一辆停在纽约某个相对杂乱的社区。心理学家把停在纽约社区的那辆车的车牌摘掉，顶棚打开，结果当天车就被偷走了。而放在加州社区的那辆车，一个星期也没有动静。后来，心理学家直接在那辆车的玻璃上敲了个大洞。结果没过几个小时，车就不见了。

基于这项实验，学者们提出了一个新概念："破窗效应"。所谓"破窗效应"指的是：如果一栋建筑物的窗户玻璃被人打破了，而这扇窗户又得不到及时的维修，那么越来越多的人就会被纵容去打破更多的窗户。久而久之，这栋建筑物会给人造成一种无序的感觉，然后逐渐被公众忽视，犯罪也会自然而然地在这里滋生出来。

在日常生活中，我们经常会看到"破窗效应"的具体体现，如：早高峰时段，十字路口处人流如潮涌，大家都在交通信号灯前焦急地等待绿灯亮起，终于，有一位担心上班迟到的姑娘等不及了，她决定横穿马路。在这种情况下，如果交警不及时加以制止，其他人就会一股脑地紧跟在姑娘身后。在整洁的广场上，你也许不好意思随手丢弃手中的烟蒂，而是在周围寻找垃圾箱。如果广场上脏乱不堪，一地秽物，你会毫不犹豫地将烟蒂从手中弹出，任其跌落。在车站排队候车时，如果大家都秩序井然地排队上车，那么后面的人也会跟着排队。反之，如果突然有人插队，或者大家争先恐后地抢着上车，那么最终一定会乱作一团。

勿以恶小而为之

有一家美国公司，虽然规模较小，但却极少开除手下的员工。一天，资深车工杰瑞在切割台上工作了一会儿，就顺手卸下了切割刀前的防护挡板。没有了防护挡板，虽然埋下了安全隐患，但却提高了工作效率。没承想，杰瑞的这一举动刚好被无意间走进车间巡视的上级主管抓了个正着。主管大发雷霆，命令他立即将防护挡板装上，然后又站在那里大声训斥了他半天，并宣称要将杰瑞一整天的工作全部作废。第二天一上班，杰瑞就被通知去见老板。老板对他说："身为一名老员工，你应该很清楚生产安全对公司意味着什么。你今天少完成了零件，少实现了利润，这并没有关系，公司可以再找人找时间将它们补回来，可是一旦发生事故，你可能会永远失去生命和健康，那是公司无论如何都补偿不起的……"

被公司开除的那天，杰瑞流泪了，辛辛苦苦工作了几年时间，公司里从来没有人说他不行。可这一次不同，杰瑞知道，他这次触犯了公司的灵魂。

在管理实践中，管理者必须时刻对那些看起来是轻微的、无关紧要的，但却触犯了公司核心价值的"小的过错"保持高度警惕，并坚持严格管理。常言道："千里之堤，毁于蚁穴。"只有及时修好第一扇被打破的窗户，才能避免造成更大的损失。

古训有云：勿以恶小而为之，勿以善小而不为。我们当然不能做第N次打破窗户的人，此外，我们还要努力承担起修复"第一扇窗户"的重任。即使当我们无力去改变环境的时候，我们也不要让自己成为一扇"破窗"，切记勿以恶小而为之。

防微杜渐，防患于未然

生活中，其实很多事情的恶化都离不开后面那一双双推波助澜的手，而这正是"破窗效应"给予我们的启示。我们常常在面对"第一扇破窗"时，不断地进行自我暗示：窗户可以被我随意地打破，并且我不会受到任何惩罚。这样想着，不知不觉，我们就成了第二双手、第三双手……所以，在"破窗效应"的影响下，人们仿佛置身于一种无序的环境中，最终制造出"千里之堤，毁于蚁穴"的恶果，因此，我们要做到防微杜渐，防患于未然。

在20世纪七八十年代，美国的纽约以"脏、乱、差"闻名于世，由于环境十分恶劣，同时犯罪活动猖獗，地铁的治安状况极其糟糕，那时纽约的地铁被认为是"可以为所欲为、无法无天的场所"。纽约市的警察局长布拉顿受到"破窗理论"的启发，他号召所有的交警严格推进与"生活质量"有关的法律，虽然地铁站的刑事案件不断增加，但他却将全部警力集中起来打击逃票行为。结果，从抓逃票者开始，地铁站的犯罪率居然有了大幅度的下降，治安状况也得到了极大的改善。布拉顿这样做的理由是：小奸小恶是暴力犯罪的温床。只有对这些看似微小，实则贻害无穷的违章行为进行彻底整顿，才能有效地减少刑事案件发生的数量。"破窗效应"告诉我们，环境对人具有强烈的暗示性与诱导性，这就要求我们必须及时修好第一扇被打破的窗户。换言之，我们必须要做到防微杜渐，问题发生后要立即止损，防止事态的进一步恶化。

多米诺效应：用细节去影响全局

很多人都玩过类似多米诺骨牌的游戏：将若干张骨牌按照一定的距离排列，然后推倒第一张骨牌，骨牌倒下时会推倒第二张，接着第二张又会撞倒第三张……直到所有的骨牌全部被撞倒。这个现象被称为"多米诺骨牌效应"，也叫作"多米诺效应"。这个效应告诉我们这样一个道理：一个很小的初始力量可能会引发一系列的连锁反应，或许那只是一种不易察觉的渐变，但是它却能引发翻天覆地的变化。所以，在日常生活中，我们不能忽视任何一个微小的事物。因为往往一个看似很小的细节，很可能就会成为改变全局的触发点。

细节成就完美

1886年，为了纪念美利坚合众国成立110周年，法国政府将一座雕刻了近10年、高约46米的自由女神像送给美国。直到今天，这座雕像依然是美国的标志性建筑之一，它已经成为全世界向往自由的人心中一个神圣的存在。

在雕像矗立在自由广场的100多年以后，有一位画家，为了能看清自由女神像头部的所有细节，他决定驾驶着一架私人小飞机飞到300英尺的高空，俯瞰自由女神像。结果，眼前的一幕令他惊呆了：一双充满火热激情的眼睛，丰富的面部表情，一缕缕飘逸而富有韧性的头发，额头、鼻翼两侧棱角分明的线条……这一切都被雕塑家刻画得生动传神。看到眼前美轮美奂的自由女神像，这位挑剔的画家不由得发出了长长的赞叹。其实，很多事情就是这样，要想达到完美很难，因为必须处理好每一个细节；而毁掉完美却十分简单，只要一个细节出错就可以。

自由女神像的雕塑者名叫弗雷德里克·奥古斯塔·巴托尔迪。他用自己的双手雕刻出每一个完美的细节，那些最细微、最不可能为人所注意的部位他也丝毫没有马虎，即使某些细节人们可能永远都不会看到。但雕塑家始终没有放松对自己的要求，他一刀一刀地在巨大的自由女神像上入神地雕刻着，逐渐地，刀锉下的完美细节被一点点地勾勒了出来，自由女神像被他赋予了真正的生命。巨大的自由女神像能够以近乎完美的形象展现在人们面前，正是因为雕塑家巧夺天工的雕刻技术，以及雕塑家对于完美细节的不懈追求。一件完美的艺术品离不开艺术家对细节的把握，由此可见细节可以成就完美。

细节影响全局

全局是由许多的具体细节构成的，只有这些细节的完美才能构成全局的完美。很多事情每个人都能够做，但是做出来的效果不一样，这往往是由每个人在细节上所下的功夫决定的。

中国有许多关于注重细节的成语，比如：一着不慎，满盘皆输；千里之堤，毁于蚁穴。在一个存在内部联系的体系中，一个很小的初始力量就可能导致一连串的连锁反应，最终导致全盘倾覆。

小王大学毕业后，进入了一家互联网公司。他在工作的时候，经常犯一些小错误，比如发给领导或客户的邮件写错日期，发快递的时候写错电话号码。领导批评他，让他工作时多注重细节。他却觉得这些都不算什么大错误，也不会给公司带来什么损失，也就没有放在心上。有一次，领导让小王通知行政部的同事明天下午三点准时到机场接一位重要的客人，小王在给行政部发邮件的时候，不小心将明天下午三点写成了明天下午五点。结果，第二天客人到达机场后迟迟等不到人，非常生气，直接取消了会面。这位客人是公司领导专门从国外请来的人工智能专家，对公司的未来发展相当重要。因为小王的疏忽，导致公司损失重大，他自己也被公司辞退了。

托尔斯泰曾经说过，一个人的价值不是以数量而是以他的深度来衡量的。生活原本都是由细节组成的，决定成败的常常是那些微若沙砾的细节。细节，它从来不会呼风唤雨，也产生不了立竿见影的效果；它微小且细致，但却在潜移默化中影响着事物的前进与发展，真正做到了"润物细无声"。

细节能够决定一个人的人生成败。所以，只有关注细节，重视细节，我们才能成就大事，因为细节会对一个人的事业和未来产生深远的影响；一个环节如果出现漏洞，整个流程就无法正常运转；一个细节如果出现问题，整个大局就会全盘倾覆。

"100-1=0"定律：1%的失误会带来100%的失败

"100-1=0"定律，最初源于一项监狱的看守纪律，是说不管以前干得多好，一旦有一个犯人逃跑，那就是永远的失职。在很多人看来，这样的纪律似乎过于严苛。但从防止罪犯重新危害社会的层面上来说，监狱管理做到百无一失是非常有必要的。后来，这一定律被管理学家们引入企业管理和商品营销中，而且很快就得到了广泛的应用和流传。

正如美国一家知名公司的一句名言所说：如果全球市场中的1个消费者对某产品或服务的质量感到满意，那么他会告诉其他5个人；如果不满意，他就会告诉50个人。所以对于顾客来说，产品和服务质量只有好坏之分，没有什么比较好或者比较差，好就是100%，不好就是0。哪怕只有1%的不合格产品，对于购买到这个不合格产品的顾客来说，他就是100%的损失。换句话说就是，1%的失误必然导致100%的失败。

1%的失误造成100%的损失

常言道：祸患常积于忽微，智勇多困于所溺。很多事例足以证明一个无可争辩的事实，那就是失误，即便是五十亿分之一的失误，同样也会带来毁灭性的打击。

2003年2月1日，美国"哥伦比亚"号航天飞机不幸发生爆炸，世界为之震惊。但谁能想到，造成这一灾难的罪魁祸首居然是一块脱落的隔热瓦。要知道，航天飞机在返回大气层时，要利用覆着在机身表面的两万余块隔热瓦，来抵御因摩擦产生的3000℃高温，从而避免航天飞机的外壳被高温所熔化。因为两万余块隔热瓦中的一块出现了问题，最终导致美国"哥伦比亚"号航天飞机在升空过程中发生爆炸，酿成机毁人亡的惨祸。

在美国"哥伦比亚"号航天飞机升空80秒后，一块从燃料箱上脱落的隔热瓦击中了飞机前部左翼的隔热系统。为什么会出现这样的情况？照理说，航天飞机的整体性能和技术标准都应该是一流的，但就是因为这一小块脱落的隔热瓦，最终摧毁了一架价值不菲的航天飞机，还有再也无法挽回的7条宝贵的生命。事实上，正是因为这次发生的惨祸，令美国的航天事业遭受到了前所未有的重创。

美国的航天事业因为一个小小的失误，最终造成了难以弥补的损失。这不禁令人唏嘘，同时也验证了"1%的失误必然导致100%的失败"这一定律。

1%的服务成就100%的口碑

进入移动互联时代，人与人之间的信息分享变得非常快捷。一些表现不错的企业会迅速受到公众的追捧，但是，同样地，如果企业出现了微小的失误，这个企业的负面消息也会不胫而走，迅速传播到社会的各个角落，企业的口碑和评价也会因此跌到谷底。所以，任何想在激烈的市场竞争中取胜的企业，都必须警惕1%的失误，并且要竭尽全力地将服务做到100%。著名的奔驰公司就很好地诠释了这句话。

从前，有一个法国的农场主驾驶着他的奔驰货车到德国去。然而，当车子行驶到半路时，发动机出现了故障，车子抛锚了。这位农场主又气又恼，大骂一贯以高质量宣传自己的奔驰公司骗人。过了一会儿，他的情绪慢慢平静了下来，于是，他抱着试一试的心态，用车上的简易发报机向奔驰公司的总部发出了求救信号。令他万万没想到的是，仅仅过了几个小时，奔驰汽车修理厂的维修工人就在工程师的带领下，专门乘飞机来为他提供维修服务。一下飞机，维修人员立即向这位农场主表达了十足的歉意："对不起，让您久等了。我们立即为您修理车子。"他们一边安慰农场主，一边开始了紧张的修理工作。一会儿的工夫，车子就修好了。

看见车子修好了，法国农场主满意地问道："我需要支付多少钱？""我们乐意为您提供免费的服务！"工程师回答。"免费？我一定是听错了。"农场主本来以为他们会收取一大笔昂贵的维修金，听到这些他大吃一惊，简直不敢相信自己的耳朵，"可你们是乘飞机来的呀？你们为此花费了大量的成本……""但是是因为我们生产的产品出了问题才导致了这样的结果。"工程师一脸歉意地说，"因为我们的质量检验没做好，才使您遇到了这些麻烦，我们理应为您提供免费的维修服务。"听到这话，法国农场主深受感动，不断地夸赞他们，夸赞奔驰公司。应该说，正是因为奔驰公司这种"不放过任何一个失误"的服务精神，以及"竭尽全力要将服务做到100%"的服务态度，才造就了奔驰公司今天在汽车行业里当之无愧的领军地位。

通常，我们会认为100减去1还剩下99，可事实上，更多时候100减去1等于0。现实就是这样：一百次决策，有一次失败，就可能让企业关门；一百件产品，有一件不合格，就可能失去整个市场。所以，关键就在于我们能够抓住这重要的1%，做到尽善尽美、精益求精，以此才能避免由这1%的失误所导致的100%的失败。

蝴蝶效应：小疏忽的积累可以引发大灾难

洛伦兹在华盛顿的美国科学促进会上提出了这样一种观点：一只蝴蝶在巴西扇动翅膀，有可能会在美国的得克萨斯引起一场龙卷风。因为他的演讲和结论十分新奇，所以给人们留下了极其深刻的印象。这就是所谓的"蝴蝶效应"。

如果我们用科学的眼光来看，"蝴蝶效应"所反映出的其实是这样一个道理：初始条件发生的十分微小的变化，在经过不断放大后，对其未来的状态会造成极其巨大的影响。换句话说就是，小疏忽的积累可以引发大灾难。

在西方，流传有这样一首民谣：丢了一枚钉子，坏了一只蹄铁；坏了一只蹄铁，折了一匹战马；折了一匹战马，伤了一位战士；伤了一位战士，输了一场战斗；输了一场战斗，亡了一个国家。这首民谣对"蝴蝶效应"做出了形象的说明。

由此可见，马蹄铁上丢失了一枚钉子，本是初始条件发生的十

分微小的变化，但其不断放大的结果，居然关系到一个国家的生死
存亡，这正是"蝴蝶效应"在军事和政治领域的体现。听起来似乎
有些不可思议，但是事实的确如此，"蝴蝶效应"确实能够造成这
样的恶果。

小疏忽引发大灾难

协和式超音速客机坠毁的事例，可以说是对"小疏忽引发大
灾难"这句话最好的证明。一架美国的客机从巴黎机场起飞；在起
飞过程中，一个金属紧固件从发动机表面脱落下来，遗失在了跑道
上；5分钟后，当另一架协和式客机也从这条跑道起飞时，左起落
架的一个轮胎刚好轧在这个金属紧固件上，轮胎瞬间爆炸，碎片飞
溅；其中一块很大的轮胎碎片碰巧击中了飞机左翼上方的油箱密封
口，巨大的冲击力导致燃油外泄；而另一块轮胎碎片恰巧击中了控
制系统的一根电源线；电源线断头打出的火花，点燃了外泄的燃
油，导致飞机起火；此时飞机尚未离开跑道，指挥人员发现了异
常，立即通告协和客机机长，命令他停止升空。然而机长没有及时
判明事故状况，在飞机已经起火的情况下决定继续升空；起飞70秒
后，飞机失控坠毁。

毫无疑问，这场重大事故是一连串小错误接踵而至的结果。一
个小的初始事故发生了，因为没有被发现或解决，随后发生的一系
列事件加剧了初始事故的严重性和破坏力。而在这个"错误链条"
当中，每一个单独的错误都可以被避免，如果是单独发生或以另外

的次序发生，或许也不会造成重大损害，但恰恰以这种顺序发生，导致了最严重的后果。由此可见，小疏忽具有强大的破坏力，我们需谨慎对待。

小错误导致大损失

一位企业家说："如果将企业出现危机比作人患了一场大病的话，那么病入膏肓通常意味着我们忽视了发病前许多微不足道的早期症状。所以，一名合格的企业家，必须具备一种敏锐的洞察力，在发病前，发现这些早期症状，做到防患于未然。"诚然，如果任由企业中一条小错误不断发展、延续，那么，这家公司最终将难逃被毁灭的命运。其中，安然公司就是一个很明显的例子。

安然公司原本是一家合法经营的企业，但后来为了在股市中渔利，于是在海外成立了几家合伙公司，然后再将公司的资金转投进这些合伙公司，进行高风险的投机交易。谁承想，2000年年初的时候，金融泡沫开始逐渐破裂。安然公司进行的投机交易很快出现了巨额亏空。安然公司无法向投资人交代，因此决定以谎报利润的方式来"暂时"冲销掉这些亏损。为了进行虚假对冲交易，安然公司首席财务长在摩根大通的一家分行里一天之内开设了700个账户。

2002年1月20日，安然公司的一名高级职员向公司董事长发送了一封电子邮件，邮件中详细地列举了公司涉及财务诈欺的各个有关事项。然而，直到此时，公司高层仍然企图掩盖真相。最终，这家公司由于财务亏损严重，宣告破产。

正如人们所常说的："当你开始说第一个谎言的时候，后面要用很多谎言来圆这一个谎言。"安然公司一步步地走向毁灭正是由一个个错误引发的，最后造成了难以挽回的损失。

通过以上两个案例，结局不由得让人唏嘘。反思这些失败的案例，给我们提供了一条重要的启示，也就是说我们不能完全避免孤立和偶然的错误，一定要善于发现可能出现的小错误，并且及时地采取相应的措施，只有彻底切断"错误链条"，才能防止灾难性事件的发生。因为往往是小错误，被人们轻易疏忽了，才最终导致了致命的结果。要知道，"错误链条"一旦连通，所造成的损失将再也没有挽回的机会。

稻草原理：量变引发质变，要对隐患保持敏感

说起"稻草原理"，有些人可能觉得没太大印象，但是这一原理所讲述的故事，很多人都听过，而且发人深省：某人将一根稻草放在一匹骏马的身上，马毫无反应，再往马身上添加一根稻草，马依然没有感觉，于是，他又添加一根，就这样一直不停地往马身上添加稻草，结果，当最后一根稻草轻轻地落到这匹马身上的时候，这匹马再也不堪重负，随即瘫倒在地。

生活中，我们经常会听到"压垮骆驼的最后一根稻草"，其实就是我们所说的"稻草原理"。这一原理告诉我们，任何事物的产生和发展都要经历一个从量变到质变的过程，当量变积累到一定程度时，必然会产生质变。

不要做添放最后那根稻草的事情

其实，不止骏马和骆驼会被一根不起眼的稻草压垮，生活中的安全生产也是这样。在日常生产中，如果我们对于小的违章行为

不去制止、对常见违章操作见怪不怪、对安全管理制度不加以落实等做法，都是一根根放在这匹"骏马"或"骆驼"身上的"稻草"，而当这些具有极大隐患的"稻草"达到一定数量时，安全生产必然无法保障，从而引发安全事故。

某工厂的一名检修人员为了更换输煤皮带，仅用一条尼龙绳作为简易围栏，然后就打开了吊砣间的起吊孔。一天上午，工作负责人于某带领岳某在吊砣间疏通落煤筒，虽然发现起吊孔未设置围栏，但在没有任何防护措施的情况下，仍然进行高空作业。在一工作人员用大锤砸落煤筒时，岳某为了躲避大锤而自然后退，结果不慎从起吊孔上失足坠落，后经抢救无效死亡。

这一事件暴露了哪些问题呢？首先，检修人员在打开起吊孔前，没有设置安全可靠的刚性临时围栏；其次，虽用尼龙绳设置了简易围栏，但由于尼龙绳过于松动，事实上根本起不到任何防护作用；最后，工作负责人带领作业人员开始作业前，虽发现临时围栏起不到任何防护作用，但由于工作负责人缺乏责任心，并未强制要求检修人员设置安全可靠的刚性临时围栏。

可见，事件中所暴露的问题，无疑都是放在安全生产上的一根根"稻草"，量变引发质变，最终导致了事故的发生。其实，只要有一个问题能够引起足够的重视，或许就不会造成人员死亡的重大损失。因此，在日常生活中，我们不要忽视任何微小事物的能量，应该时刻牢记"量变引发质变"的道理，切勿做添放最后那根"稻草"的事情。

要对小的隐患保持足够的敏感

其实，很多大的灾难都是由于当初一个小小的失误引起的，归根结底还是没有对小的隐患保持足够的敏感，从而加以制止，才最后造成了重大损失。"环大西洋号"海难就是一个惨痛的教训。

巴西海顺远洋公司的"环大西洋号"海轮在海面上发生了火灾，当救援船只赶到事发地点时，"环大西洋号"已经沉没了。救援人员在一个密封的瓶子里找到一张字条，从遇难船员留下的字条上救援人员明白了这艘船沉没的原因：一名水手私自买了一盏台灯回来，他的同事并没有制止他；他随手将台灯打开，离开房间时没有关灯；负责安全巡视的人漏掉了这个存在安全隐患的房间。结果，开着的台灯在海轮的颠簸中滚落到了地上，点燃了地毯；地毯上的火苗慢慢爬上桌腿、桌布和床单……电路被烧断，出现跳闸；电工并没有在意，漫不经心地合上了电闸；房间里的消防探头被拆掉了，新的探头还没有安装好，所以无法报警，火苗就这样静悄悄地蔓延着；焦煳的气味传了出来，管轮的海员闻到了，立即打电话给厨房询问情况；厨房说没问题，却没有一个人追查不良气味从何而来；下午，所有人员都离开岗位，去厨房参加聚餐了；晚上，医生放弃了日常的巡检，也放弃了发现火灾的最后一个机会！当大火终于被发现时，一切都太晚了：着火的房间已经完全被烧穿，水手区的门被彻底封死了，怎么也进不去；消防栓锈蚀打不开，无法灭火；救生筏被牢牢地绑住，无法逃生。而这些问题船长在此前根本没有发现，因为他没有看甲板部和轮机部的安全检查报告。事实证明，每一次事故的发生都是由一点一滴的不安全因素积累而成的。

可见，事故的发生正是量变引发质变的结果。如果每一次事故的隐患或苗头都能得到足够的重视，那么也许所有事故都可以被避免。安全工作，须从大处着眼，从小处入手；我们应该对小的隐患保持足够的敏感度，并以严谨认真的态度，做到防微杜渐，防患于未然。只有构筑牢固的安全屏障，才能确保安全生产稳步、高效地进行下去。